RENGE MOSHI XINLIXUE

会心不远书系

陈 公◎著

人格模式心理学

时代出版传媒股份有限公司
安徽文艺出版社

陈公，独立学者，全息心学首创者。

出版著作有《青少年不可不知的100种心理智慧》《青少年不可不知的100个心理热点》《城市在倾听》《一花一世界》《原生家庭与幸福人生》《新生家庭与大美人生》《人格模式心理学》《家有儿女》《一茶一如来》《会心不远》等，部分作品已在海外翻译出版发行。

RENGE MOSHI XINLIXUE

会心不远书系

人格模式
心理学

陈 公 ◎ 著

时代出版传媒股份有限公司
安徽文艺出版社

自　　序

从原生家庭这个大的生态系统中找出我们人格形成的习得模版、人格形成的模式环境,是帮助我们成长的第一步。

心理学既是一个工具,也是一个手段,我们要善于利用工具,又不能完全依赖于工具。

心理学能帮助我们减轻行走过程中的疲劳,是减轻心理压力的拐杖、照见自己的镜子,可以照见我们内心的困惑,快速检索心理碎片,找到人生中阻碍我们成长、阻碍我们前进的心理症结。

所有的冲突都基于人格关系上的模式冲突,更多的也是我们与自己内在角色模式的冲突。我们很多人沉浸于人生各种各样的角色、欲望、愿望之中从而迷失了,还包括各种各样的愿望、欲望中生出的念头,以及在念头当中所形成的投射。在投射所形成的条件反射中,形成了一个个面目模糊、真假难分的假自体。

什么是假自体?什么是真正的自我?什么是真正的成长?

为什么会产生角色、情感、情绪、身体的无序?仅仅因为内外的不统一吗?

当把一个问题极端化,你就能看见其中的问题。夸张的手法,不仅仅用于文学,它也可以用来解决实际问题。如同20世纪最有影响的哲学家之一维特根斯坦一直反对将哲学教条化一样,所有的学问都不能教条化,因为你一旦固定它,想让它成为万能,它就会走向毁灭。

有人说:如果你能一只手把地球捏碎,那么你就能将所有稍微想一想的事情变为现实。

这个世界上存在着好多逻辑陷阱,逻辑陷阱会导致不必要的二元论,这些没有根基的二元论让人产生虚无,虚无的人会迷失。可怕的是,迷失的人永远不会认为自己在迷失,正如同你永远唤不醒一个装睡的人。在万劫不尽的轮回中,只有凡人的愚蠢是永恒循环的。

这个世界上没有什么是万能的,任何准则只有在"正确的前提下",它才有意义。哲学的实质是空间思维的文化常态,而逻辑则是时间思想的经验通道。逻辑能很好地去处理世间的问题,让人尽量少犯一些不值得犯的错误。可是,它不是唯一的方法。

相信自己无所不能,是一种误区。正常的人,知其不知,知其不能,他们以爱和理智为基础,在与别人的共同结合中来书写自己的壮丽人生。

我们需要真正尊重自己的生命,当一个人真正尊重自己生命的时候,他是以全然接纳的方式来尊重的,因为这就是我,不管好的、不好的。凡是自己的经历,凡是自己的选择,都是可改变和修正的。只要自己还在路上,以这样的方式去尊重自己的生命,也会以同样的方式去尊重他人的生命。不重视他人的生命,自己的生命价值就已经丧失了。

自然世界,万物有机存在,彼此包容,和解共生,有其独特的自然规律和运行法则。

了解、顺应并且尊重这些规律和法则,是智者成功之道。

《人格模式心理学》植根于东方哲学,兼并吸收西方心理学各种人格描述要义,是一部完整的心理学理论创新之作。所谓理论创新,一要有理论模型(三元四相位);二要有模块工具(四大模块);三要有组合模式(64化合);四要有化合规律(运动变化)。如此,才能构成一个理论系统。

立言不误人,利人利己;出言不损德,厚德载物。

《人格模式心理学》上部全面系统地介绍了"三元四相位人格模式"的形成与理论;下部细化呈现了人格与四大模块之间的组合与运用方法。如此,理论的基石清楚了,组合的规律找到了,改变的方向也明了了。

一体二能三元四相位人格模式是什么?

一体:心即道,也即心法。是道学的"一",是《易经》的"太极",是全息心学的"全息世界,了了无心,循环生息,全然一体",是人格模式的"个人性格"。

二能:是《易经》中的阴阳两股能量,和合变化,阴阳平和。

三元:是《黄帝内经》的天地人,是全息心学中的"信息、能量、物质",是教法里的"三命、三身、中观、身心灵"的转化合一。

四相位:是佛法里的成住坏空;是人生中的生老病死;是《易经》中的四仪——春夏秋冬;是天地交合的定数、变数与周期的规律显示;是人格模式里的认知、情感、情绪、身体的相应和融合;是作用于自己的内心,直达"内化于心、外化于形"的境界,心行一显一隐,一阴一阳,一表一里。

四化、四射、四位、四习与《易经》中的八卦生六十四卦、阴爻阳爻变化,五行中的相生相克、生克制化相应;是定数中的变数、变数中的能量消解的具体周期反应与大系统的全息相应。

有关系才有结构,有结构才有组织,有组织才有系统,有系统才有(全息虚空场)背景,个体人格在关系与条件、成长与选择、感觉与体验中联结与转化;在阴阳平衡运动中接受、消化、和合、循环。三元四相位系统人格模式作为内观、内转的心理学工具,在修正错误誓言认知、回溯还原事件本来、调整关系安全与联结、抚慰和清除心理痛点与黑洞,从而建立起一个健全、健康的系统性新人格方面将发挥动态而且独特的作用。

大道至简,和生大同。正如"人民网"在报道《人格模式心理学的新发现》的述评中所说,《人格模式心理学》(修订版)不仅完美地将东方哲学的精髓与西方心理学的精华组合在一起,还创造性地延展和发挥了心理学的实际功能,使得无垠的东方广阔思想和无限的西方细分思维有了一个相互对镜、彼此融合的系统观照。

这是一本最适合读懂东方人尤其是中国人的心理学理论创新著作,感恩正阅读的你!

上部

问道而生 · 人格模式

人格心理

一、人格(personality; moral integrity; human dignity)

人格定义

模板人有三大属性:生物属性(身体物质)、物理属性(哲学规律)、自然属性(社会道德)。三大属性与身、心、灵集于一身同时作用的规律一样,体现在人的个性与品格上。

人格,既单指个体个性、生物习性、遗传特性以及所形成的独特品格、统合品类、稳定品质在自然环境与社会生存环境中自我表现与自我发展的总和,也可以用于由同一品类个体组成的群体性人格描述。

个体人格及习性在原生家庭和社会环境的双重浸染下形成习得模板,后在观察、仿同、创新的基础上形成三元四相位系统人格模式。

个体的个性与群体的共性和而不同,群体的共性与个体的个性和而大同。人格的社会性与生物性同中有异,人格的稳定性与可塑性变化统一。

人格论述

人格也称个性,这个概念源于希腊语 persona,原指演员在舞台上所戴的面具,类似于中国京剧中的脸谱。

所谓"人心不同,各有其面"。心理学借用这个术语来说明:在人生的大舞台上,人也会根据社会角色的不同来换面具,这些面具就是人格的外在表现。面具后面还有一个实实在在的真我,即真实的自我,它可能和外在的面具截然不同。

同时,在心理学上,还将人格定义为:个人在适应环境的过程中所表现出来的系统的、独特的反应方式,它由个人在其遗传、环境、成熟、学习等因素交互作用下形成,并具有很大的稳定性。

人格模式

个体人格由认知、情感、情绪、身体四大模块联动,与四大模块中的八大定义对应,检索照见出十六种人格的特征反应模式,并在一显一隐的动态的混合交融中,显示出六十四种人格模式的驱动变化,形成一体二能三元四相位系统人格模式。

二、人格的形成基础

我们在自我中植入些什么?

许多人要么接受了外来个体或群体意念而被动催眠,进入角色与关系的自我同化;要么自我导入或者植入意念、自我催眠,从而达到需要与价值的自我认同。但是,只有将人格模式的修正与提升在向心力(经营永恒)与离心力(求新求变)之间找到平衡,才能让自我状态时的时刻观察与修正体验成为融入群体时的模板与经验。

所有不良关系的开始,都是源于角色的扭曲。种种角色的设置与维持、维护,同时需要社会认同与自我认同,任何单向合理化的角色自我认同最终也应该发展为社会、他人认同,这样才能形成角色同一性,才能形成角色与关系的完美统一。只有双向认同的角色与关系才能形成双向合理化的良性循环。

人的成长,最终会形成两大区域:心理舒适区与心理黑洞区。

植入爱(阳性的心理舒适区):儿时,父母对我们爱的肯定会加深我们对自我价值的满足感和心灵归属的安全感。

爱是观察中的尊重,也是感受中的倾听。善于观察,反观自照内心真实的声音;用心倾听,感受体悟他人话语背后的心声,真正懂得后付出的爱,正是对方的需要。

只有真正爱过的人,才能真切体会出彼此对应而又心心相印的魅力反应。爱能让人谦卑,总是能够在彼此出现困难时善加引导,使之回到合作的大道上来,向上向善。因为懂得,所以慈悲。

而爱的另一面是恨,对爱的威胁不是来自恨,而是来自对恨的否认。活着,是因为心里有爱。绝望的人不会苟活。

植入恨(阴性的心理黑洞区):儿时,父母对我们恨的否定会阻止正在成长的孩子学会正视和容忍他自身的恨的情感。被忽略、被边缘化、被抛弃会加深我们对自我价值的不满足感和心灵归属的不安全感。

成人后,伴侣间若否定、逃避彼此间的恨意,也会对彼此关系造成破坏。恨,表达比不表达的好,没有意识到的恨或扭曲性表达出来的恨意,所造成的误解和危害更大。

有一种看似平和的"阳光夫妻",外在行为堪称楷模,但彼此情绪向内攻击所付出的是精神与健康的代价,或表达为躯体疾病,或是更残酷点,由他们的孩子承担,表现出各种症状,为他们的表面和谐付出代价。

我们爱哪一个人,以及用什么方式去爱,是早期我们在原生家庭经验的再现,或父母之间相处关系的再现。对外在人、事、物的态度,也是映射了内在的记忆与经验,再投射出去的结果。对他人的态度,也反映出自己需求是不是被满足后的态度。

没有矛盾,就不会有人类的爱。阴阳是对立的,也是统一的,我们对自己永远相爱、永不憎恨的梦想必须放弃,要明白、明了对方与自己永远是在阴阳矛盾当中求同存异、一体二面而又相对独立的命运组合体,婚姻是战略性、合作性的伙伴关系。

如果我们能更加有意识地表达"恨"(一种情绪和自我感受),也许我们就能爱得更深。就像父母如果能感受到自己对孩子的敌意,会爱得更好一样。没有敌意和侵犯,就不知道爱,因为敌意和侵犯至少告诉我们,如何在爱中避免伤害到对方。

彼此伤害,不是不爱,而是爱得不够耐心,爱得不够用心。

任何没有安全保障的爱,都会使得角色的身份认同与关系的安全联结出现障碍,都会让人压抑不安从而逃避,甚至想方设法抽离。

"这些坏的东西与我没有任何关系",这种做法会消耗精力,并且从长远来看会危及我们。从强迫性重复的观点来看,我们爱谁以及如何去爱是早期经验的再现。

幼年时与父母过早地分离,会扭曲我们的期待和反应,也会扭曲我们以后对生活中必要的丧失和对各种关系的看法。

从一个人的习惯可以全息他的童年生长环境。

比如,儿时妈妈让他等待。"妈妈让我等她,她使我养成了等待和期望的习惯,这习惯使得现在任何时刻的等待都从无聊、枯燥、焦虑、空虚变成极有意义。"

又如,儿时妈妈在外地工作,一年回来一周,那一周是最开心的,但随后的离去让人不能忍受。这样的童年经历使得成人每当开心到极致时,总在心里预期会有下一刻的分离,因而不敢与人有亲密关系,因怕想象中随后而来的痛苦。

期待的不能实现、需要的不被满足和不能契合的心灵归属是婚姻紧张和持续冲突的三大根源。

三大根源对应被忽略、被抛弃、被边缘化。一旦被忽略,期待不能实现;一旦被抛弃,需要不被满足;一旦被边缘化,心灵不能契合。看起来是婚姻紧张的现象,实际上是童年成长经历的还原。

所有婚姻紧张和人生冲突持续的根本是重复童年的创伤。我们对来自无所不给的母亲的抚育之要求、对令人失望的母亲的儿时的愤怒、对控制一切的母亲的反叛,扭曲了我们成年后对女人和男人的幻想。这些扭曲的幻想不仅损害了我们的个人成长,而且还损害了我们的互爱能力,即使内心有爱,也会因为不懂得表达而变成互害。

如果我们在童年作为早期重要客体时遭到割裂、损伤,我们就会把这个经验以及我们对此的反应(爱恨情仇及对此的防御)转移到对自己的孩子、朋友、同事、情侣等现在重要客体上去,产生移情,重复当年的反应。

小男孩在形成性别认同的过程中,必须比女孩更激烈地挣脱母亲的纽带,而女孩可以在与母亲亲切认同的同时成为女人。

因此,亲密的联系对女人来说就成了一种舒适而有价值的境况,但过多的亲近则对男人构成了一种威胁,这种性别差异导致了巨大的性别鸿沟,使夫妻经常作为"亲密的陌生人"生活在一起。女性需要分享情感,听有关他的和她自己的情感,而男性不愿卷入情感。男人追求自主与分离,女人渴望联结与亲密,这种性别差异造成了婚姻的紧张,不了解、不承认、不接纳这种心的世界,世界就是我认为的那个世界。

如果没有深入的沟通,我们都活在"我以为"或"你应该"的个人感受所投射的世界里,为什么会这样呢?别人的存在是因为和我有关系,通过彰显自己和影响别人来显示自我的存在。

于是,我们不仅会特别重视自己的体会、感悟和经验,导入和构建自己的世界观和价值观,以自我感觉为基础,以自我感受为中心形成人格模式,自恋着各种自恋,拼命抓住和维护自己的各种既得和习得,死也不改。

我们还无意识地植入沿袭了原生家庭的痛苦模式作为人格模板。通过感受、耳濡目染,无意识地学习内化了父母对待自己的方式、对待彼此的方式、对待家人的方式,尽管意识上会反感、反抗,却在潜意识导引下不知不觉地照搬并加以外化沿袭。

小时候反抗你,"长大后,我就成了你"。

看自己的模板

三个自我向内映射:审视化的父母自我、弱势化的儿童自我、平行化的成人自我。

三个自我向外转化:时刻把角色和关系理顺的自我,随时移步换景,角色依环境而即时转化,因事而化,因人而变,时刻注意阴阳能量和合下的角色平衡与关系共振。

看他人的模板

我们从小开始,认识到自己身体独立存在的时候,父母对我们良好的养育与爱护,会使我们产生好父母(及我可爱)的印象(容易产生支配欲及虐他倾向);家庭环境或父母的不好表现会引起我们焦虑的体验而产生坏父母

(及都是我不好)的印象(容易产生控制欲——控制他人或者控制自己的受虐及自虐倾向)。

好的印象在我们不断的强化中会产生自信、愉悦等相对积极的个性;坏的印象在我们不断的强化中会产生逃避、虚伪、自卑等相对消极的个性;积极的个性会在好奇心的驱使下去体验消极开放的生活;消极的个性只能在自我防御性攻击的想象中满足积极的体验。

三、心理学(Psychology)

"心理学"一词来源于希腊文,意思是关于灵魂的科学。心理学最早起源于哲学,后从哲学中分离出来,形成一门独立的研究学科。

心理学是人类认知自我思维,剖析行为方式,研究人类怎样感知外界信息和怎样进行信息内化处理的心理和行为的规律的科学。

心理学既是一门中间科学,也是一门边缘科学,里面有不同的领域,或独立或交叉,需要心理学家和心理学研究者具备自然科学和社会科学两方面的知识和素养。他需要去了解神经科学、生理学、生物化学、生态学、物理学、数学和计算机科学这些自然科学,还需要懂得哲学、社会学、语言学、逻辑学、人类学等社会科学。

天体运行,心生万法。开智慧之眼,见方便法门。

心理学的缘起

东方:心理学最早源于巫术(巫医不分,宗旨是敬天安人),继而形成宗教与哲学。体现在国家层面上有占卜官、司天监等,民间层面上有巫婆、神汉等;后裂变成国家层面的医官和民间亦医亦巫的人;再后又将身心一分为二,如扁鹊的六不治(一是狂妄、骄横、不讲道理、不遵医嘱的人;二是只重视钱财而不重视养生的人;三是对服饰、饮食、药物等过于挑剔、不能适应的人;四是体内气血错乱、脏腑功能严重衰竭的人;五是身体极度羸弱,不能服药或不能承受药力的人;六是只相信鬼神、不信任医学的人),纯粹的医生与算命打卦的巫神二者既相互利用又相互排斥。近阶段的心理学发展,既有西方心理学各流派的传扬,又有将各种宗教和东方哲学归元和合的趋势。

西方:心理学最早源于宗教与哲学。其研究涉及知觉、认知、情绪、人格、行为、人际关系、社会关系等许多领域,也与日常生活的许多领域——家庭、教育、健康、社会等发生关联。

现在,多数医生不问及七情六欲在形成病体上的关键影响,只管看病开方,病者也是按方吃药治病。许多心理医生不懂得身体医疗之道,身体医生不明白心理因素作用,依然处于身心分离的不调和状态。

心理学的功能

为什么会产生角色、情绪、情感、身体无序?因为我们害怕。

因为害怕死亡、害怕抛弃、害怕孤独、害怕伤害、害怕疾病、害怕不接纳、害怕被边缘化、害怕不被认可、害怕不被尊重,不同形式的恐惧与生命的不同阶段同在,折磨着我们。从最早的巫术和宗教以及现代科学的延续里,到拥有权力与财富的成功中,人们都在寻找勇气、信任、希望、依赖、信仰与爱等来抗衡自然灾害、战胜对魔鬼与神灵等的恐惧的力量,都在寻找自我角色、身份的认同与社会化关系的安全联结认同。

但是心怀恐惧,也让我们活跃、积极地去面对未知,在对新奇与刺激的不安体验中体会成长和成熟。

心理学的功能与意义在于真正地了解他人、了解自己,高度建立与自我的安全关系联结,清晰地了知所有当下的互动对象都是自己。

心理学的特点

1. 安全与发展:生存的安全合理化——家庭、家族、群体、组织、国家;生育的安全合理化——婚姻产生合法的性交流,灵魂中阴阳的相遇与和合。

2. 明确举什么旗(人生方向),确定走什么路(模式选择),确保如何到达(模板方法)。

3. 在人生行走的过程中,给予因角色无序和关系混乱所产生的焦虑与痛苦合理化支持,并形成强化性重复;给予因角色有序与内心宁静所产生的快乐与满足价值感,并将内驱力外延,形成创造的驱动力。

无序和混乱

角色无序:如做父母的审视评判他人,从而忽略了自己真正的角色,任何不对应的角色联结一定会导致彼此不安全的关系扭曲。

情感无序:任何没有安全联结保障的情感都会产生焦虑和关系混乱等。

情绪无序:思想、心念都是信息,里面都有能量,一个字可以让我们高兴,一个字也可以让我们悲伤,也可能让我们的身体产生剧烈的反应。言行混乱的情绪皆是从错乱无序的心念而来。

身体无序:如成语"杯弓蛇影"。情绪如果不能得到有效释放,会导致向内攻击。情绪的向内攻击与自我暗示有关,与自我认知下的意念植入、导入和自我催眠有关,与自我意识强化有关。自我意念的向内导入变成身心合作的驱动力。由思想认知支配产生的身体无序,如感伤流泪、自我压抑而暴饮暴食暴睡、自我攻击而自虐、向外攻击而破坏虐他等。

心理黑洞区:焦虑与痛苦

个体因感到不被发现、不被尊重、不被关爱导致角色与关系无序,自我归属感不强,自我评价度不高,自我认同感不强,陷入经常性害怕、经常性幻想、经常性矛盾痛苦之中,从而不断索求外求,进而向内自我攻击。

1. 认识与情感不随境而迁而转,心念植入并停驻于一个角色的某个情境关系之中不能自主(自我共情——自虐)。

2. 自我催眠,将自我意识导入一个设想并且自我认定的情境中,产生与现实关系完全背离或不能相和的角色,在混乱的关系中不能自主(受虐);自我催眠还能够以文艺作品、演说等多种方式向大众催眠,将个人情感认知传导给社会大众,引发共情,甚至形成共罪(如希特勒的演说效应),停留在这种关系里不能出来。

3. 在现实真实的情境中,自我映射并强化某种角色体验,与那个角色形成共情,并投射到现实生活中去要求他人。虐他,是受虐情结的另一种释放。

如斯德哥尔摩综合征范例:有一群羊,狼来管理他们,群羊就准备抵抗。第一个月,狼来了,也不跟羊吵,每天找一只羊单独谈话。一开始,羊群还异口同声地大骂狼。等到狼把羊都找遍了以后,关系发生了微妙的改变。第二个月,狼每次找五只羊谈话,其他的羊就不跟这五只羊沟通了,彼此开始攻击。在羊发生内讧时,狼就跟其中一只羊说,你只要每天把羊群里的情报告诉我,我就不吃你。后来,羊群里的很多动静,狼都知道。到了第三个月,所有的羊从狼那里谈话回来都不骂狼了,都在拥护狼,谁要是再讲狼不好,其他的羊还不干。后来,听说老虎要把狼赶走,羊集体造反,用羊角撞墙的方式表示反抗,说我们爱狼,我们不让狼走,狼是我们的保护神。

4. 所有与外在的联结所产生的不安全感,都是与自己的联结不通透、不圆融所致,从而导致各种害怕与恐惧,以映射记忆痛点再投射于外,以贴标签、分类、分别、我执的方式对社会、对组织、对他人、对自己进行优点或者缺点的放大与缩小、关系的隔离与抽离。

5.从心理学角度看,一个国家、一个社会、单个的信仰缺失只是表象,各种各样问题的根源,在于爱的缺失。

因为我们内心的扭曲,我们看见的世界也是变态的,我们用自己的立场来看待这个世界,通过自我设想导入式的暗示、自我意念的强化、自我欲念植入式的催眠,我们便觉得世界都是扭曲的,因此,我们尝试改变它。但世界不会被改变,世界也不会让步,更不会停止,它还是原来的样子,唯一变化的就是我们的心智,但当我们回头看我们的人生时,一切都晚了。

心理舒适区:快乐与满足

个体因感到被发现、被尊重、被关爱导致角色与关系联结有序,自我归属感强,自我评价度高,自我认同感强,容易进入经常性重复的快乐体验之中,从而不断追求完美,进而向内要求自我完善。

焦虑和痛苦的心理黑洞区与快乐和满足的心理舒适区是存在于每个人心里的一体两面,如何做到彼此间保持平衡,既不相互完全覆盖和吞没,又能够时时保持有机转换,让心理状态有序和谐,享受当下的快乐与满足呢?

心安当下,才能宁静!时刻把握好与内在、外在对应的规律:尊重、倾听、引导、合作!人生行进在路上,自我成长也要在路上。

我们在害怕什么

我们的世界存在着巨大的动力和磁场,在人格个人化的过程当中,接受自己的特色之时,我们会渐失身心归属的安全感。

当楼上的人向下洒水,你会因为自己没有得到足够的尊重而向上咆哮;当他人忽略你说的话,你会因此愤愤不平,怨恨在心;当公交车上有人用拐杖戳到你的脚尖,你的愤怒却因为发现对方是盲人而消失;一些人骂你,当你发现他是为你好的时候怨恨就消失了;你误解了一个人,当你发现背后的真相时,你会泪流满面……这样的事情不同程度地在每个人身上发生。很多时候,事情本身不会伤害我们,伤害我们的是自己对事情的想法与看法,实际上每个人要面对的是自己,害怕的对象也是自己。

害怕创伤再现:童年时所经历的被忽略、被抛弃、被边缘化的三大创伤的背后,是不断被自己强化放大的负面的记忆。

如果我们避开或无视太多的心理碎片,总是去掩盖它,总是在破衣服上加上华丽的衣服,当华丽的衣服破损之后再加一层华丽的衣服,我们终究会有穿不动、盖不住的那一天。其实我们并没有遮住什么,只是在弱化自己,在退行。只要我们掩盖、逃避心理碎片,我们就是在退行,在逃避,无法真正地成长,如同侏儒一般。

儿童时期的内驱力受损,就会造成成人时外驱力的受损。如果内驱和外援不力,个体就会被孤独的恐惧感和有痛点的模板所淹没,造成人格创伤。

害怕他人唤醒和触动我们的记忆:害怕被颠覆,披上合理化外衣。我们为什么害怕被他人唤醒呢?他人会触动我们什么呢?因为这些记忆已经被我们自己植入成能够被自己接受的一个事实,虽然与原来的真相相距甚远,甚至是负面的、反面的,但是我们已经把它们合理化了。因此,我们已经把它们植入成一个可以接受的事实了,我们越接纳本来的事实,还原成原来的样子,越容易清理碎片。我们把这些自以为是合理化,但不是真相的记忆放在那里,就像放得过久的垃圾,越来越臭不可闻。

害怕接受暴力:不能承受暴力的痛苦,将记忆扭曲。将扭曲的信息植入脑中变成错误的记忆,自欺欺人。

害怕找到自己：自己在与原生家庭对抗的过程中，一旦找到底版中的颜色，就明白了长大的病痛都是小时候埋下的。自己与父母都是在同一个模板中打转，不能接纳自己，不会宽恕自己，不能原谅他人，也就不能从内心生起真正的慈悲。

害怕承担责任：打碎了东西赶紧逃离，做了坏事就逃跑，杀了人之后毁尸灭迹，做贼的慌张……都是害怕承担责任，从而放弃提升自己啊！为什么害怕？是因为我们害怕和真实的自己在一起，因为有了过去那么多的情绪体验而有了反复观察的情感记忆，而且在这些记忆上找到了曾经的愤怒、曾经感受的不公、曾经怨恨的模板来源，我们对着伤痛顾影自怜、长吁短叹，不愿承担责任，从而放弃自我成长、自我救赎、自我疗愈的能力。

生活需要我们把它还原成原来的样子，还原成自我接纳、自我成长的过程，不赋予太多的评判和扭曲化的信息，以及错误的记忆和回忆，没有对错，只有因果。

当我们不再对着伤痛顾影自怜的时候，我们就在成长，我们就在自我救赎，我们就获得了自我疗愈的能力。

害怕失去自我：避免与人来往，封闭心门。但我们又害怕分离与寂寞，百般依赖他人。有一种害怕是把自己关起来，封闭心门；有一种害怕是时时刻刻都需要依赖他人。我们害怕改变与消失，女性对那种山盟海誓的改变是非常害怕的，她们会死守着熟悉的一切，牢记某一个情境下对方的语言行为，并用来要求当下的人，把自己植入其中。

每一种恐惧及其强度不仅与遗传有关，也与原生家庭及个体成长环境、个人经历及情结形成背景有关。

如：人的羞辱感来自社会角色的不被认同（如一个妻子不得不将自己与丈夫喜欢的情人去做比较从而产生羞辱感；一个得不到父母认同的孩子看到他人的父母喜欢孩子，产生自卑感等），随即产生的自我弱化更导致焦虑感的产生，羞辱感会自虐，而在焦虑感得不到有效缓解的驱使下，一定会虐他(如一向温顺的原配追打小三等)。

在生存的安全与生育繁衍的发展过程中,我们害怕被抛弃、被忽略、被边缘化,更害怕不被接纳、不被认可、不被尊重、不被需要、不被爱慕、不被赞美等等,因此,我们就在自卑—自负、自信—自大、自恋—自尊……这些心理状态的变化组合之中打转。

自卑是怎么形成的?外在的自负恰恰在掩盖内在的自卑。

凡自负的人,内在都自卑;凡自卑的人,都需要用装出来的自负掩盖自卑;凡自信的人,大都自大;凡自恋的人,都把自尊看得特别重。

人们在自卑、自负、自恋、自大、自信、自尊等等心理状态的组合当中,守护和维护自己的人格和尊严,由此形成了强迫性、偏执性、忧郁性等各种人格障碍,以及进入爱与恨、疏远与偏离的无序与纠结状态当中。无序纠结中形成的强迫性、焦虑性忧郁症,有一个很重要的模板就是,当事人内心当中有一个甚至很多个强烈的错罪的意念彼此争斗,欲罢不能。

拯救自己从重新定义自己、完全接纳自己开始。善于倾听沟通,勇于表达感受,一进一出,一呼一吸,阴阳平衡。

害怕源于不敢面对真实的自己,自责、内疚,与自己的联结不通透、不圆融,不接纳本来,不原谅自己,沉浸在创伤综合征里还会发生自残行为。每年高达上百万的自杀死亡人数都是来自创伤综合征,这种创伤综合征的自责、内疚,会导致一个人不接纳、不原谅自己的自我催眠,会导致自残行为的发生。反复地做一件事,一定要把某一件事做好,是一种自残;不按规律休息,无限地糟蹋自己的身体,也是一种自残;高强度地劳动,不按规律进行调节,更是一种自残。

既自卑又自大的人、既自恋又自卑的人等等所形成的各种人格,在焦虑与痛苦、快乐与满足、有序与无序、混乱与宁静中不断化合而呈现出复杂多样的红尘万象。

我们生活在一个系统之内,大到宇宙星系、银河星系、太阳星系、地球家园,小到国家社会、家族家庭、群体个体,再量化到心身一体的内在与外在、内隐与外显,如同地球必须循着一定的轨道围绕太阳这个中心公转而行,同时又绕着自己的轴心自转而行,无不遵循着阴与阳两种对立又互补的力量(万有引力与离心力)均衡而动。万有引力维持地球于不坠,一直把地球拉回中心,有一股稳定的吸力。离心力向外扩张,脱离中心点,有意摆脱控制。人也是如此,自转时的观察与体验成为公转时的模板与经验。

大系统外在的公转力(定数)与小系统内在的自转力(变数)所产生的外显的万有引力(大物理)与内隐的离心力(大化学)形成一个又一个的周期,形成周期规律,如春夏秋冬四季(365天为一年)、生老病死四相(60年为一甲子)等。

定数是周期的循环和轮回,变数是两个或两个以上的因素和合才会产生新的事物,一旦有新的物质参与又会发生改变,这就涉及阴阳二能量的参与化合,三元四相位系统人格模式以渐进的方式厘清我们害怕的心理,挖掘个人早年的成长背景中导致害怕的因素,研究个人与家庭以及社会文化之间的相互关系,就能够帮助我们了解人性,了解恐惧的源头,培养我们消解恐惧的能力,成长自己,成就自己。

人非圣贤,孰能无过?所以,我们需要在现实的基础上了解自己,接受积极的心理暗示,祛除并转化消极的心理暗示。

我们对自己的接纳、对自己的包容、对自己的认可是最大的成长!

去妄息见,即有即无。自心无二,自性无碍。

理论探讨:

马斯洛需求层次论:亦称"基本需求层次理论",该理论将需求分为五种,像阶梯一样从低到高,按层次逐级递升,分别为:生理上的需求,安全上的需求,情感(爱)和归属的需求,尊重的需求,自我实现的需求。另外两种需求是:求知需求和审美需求。他认为这二者应居于尊重需求与自我实现需求之间。另外,还讨论了需求层次理论的价值与应用等。

(1) 生理需求

生理上的需求是人们最原始、最基本的需求,如空气、水、吃饭、穿衣、性欲、住宅、医疗等等。若不满足,则有生命危险。这就是说,它是最强烈的不可避免的最底层需求,也是推动人们行动的强大动力。当然,在现实生活中,我们对衣服、食物、房子、车子(衣食住行)等的需求看似是为满足我们生存的需求,事实上我们在这些东西之上附带了很多变形的虚幻不实的东西,比如身份、面子、虚荣、自尊等,使其丧失了物质的基本意义,我们一直在用我们的假自我反复地抓取这些东西。

(2) 安全需求

安全的需求要求生存安全、生育安全、劳动安全、职业安全、生活稳定,希望免于灾难,希望未来有保障等。每一个在现实中生活的人,都会产生安全感的欲望、自由的欲望、防御实力的欲望。

(3) 社交需求

社交需求也叫归属与爱的需求,是指个人渴望得到家庭、团体、朋友、同事的关怀、爱护、理解,是对友情、信任、温暖、爱情的需求。社交需求比生理和安全需求更细微、更难捉摸。它与个人性格、经历、生活区域、民族、生活习惯、宗教信仰等都有关系,这种需求是难以察悟、无法准确度量其错综复杂的变化性的。

(4) 尊重需求

尊重的需求可分为自尊、他尊和权力欲三类,包括自我尊重、自我评价以及尊重别人。尊重的需求很少能够得到完全的满足,但基本上的满足就可产生推动力。

(5) 自我实现的需求

自我实现的需求是最高等级的需求。满足这种需求就要求完成与自己能力相称的工作,最充分地发挥自己的潜在能力,成为所期望的价值人物。

有自我实现需求的人,似乎在竭尽所能,使自己趋于完美。自我实现意味着充分地、活跃地、忘我地、全神贯注地体验生活。

马斯洛的需求层次理论也有其不足的方面:第一,马斯洛过分地强调了遗传在人的发展中的作用。第二,马斯洛的需求层次理论带有一定的机械主义色彩。第三,马斯洛的需求层次理论,只注意了一个人各种需求之间存在的纵向联系,忽视了一个人在同一时间内往往存在多种需求,而这些需求又会互相矛盾,进而导致动机的斗争。据说,晚年的马斯洛对其理论有了较好的修正和补充,在马斯洛需求层次理论的基础上,"坑洞理论"或"伤痕理论"对我们在生命的路途上不断重复地抓取什么的反思有很好的补充。

坑洞理论:坑洞指的是你已失去联系的某个部分,也就是你无法意识到的某个部分。从最根本上来看,我们真正丧失的其实是我们对本体(真我)的觉察。如果无法察觉到我们的本体(真我),它就会停止显现,然后我们就会感到匮乏不足。因此,坑洞指的就是我们本体(真我)的某个部分不见了(真我被隐蔽、掩盖起来,我们无法联结上、感知到)。这可能意味着某种本体的品质不见了,譬如爱、价值感、与人联结的能力、力量等等。虽然我们已经无法觉察到本体的某些部分,但并不意味着它们从此消失了,它们从来不会消失踪影的(真我、本体是本自具足,圆融无碍),你只不过是和它们断了联系。

结合三元四相位人格模式系统,我们这样理解"坑洞理论"。

①情感的需要和价值

这些坑洞通常源自童年,其中有一部分是创伤经验或是与环境冲突所造成的结果。也许你的父母并没有重视你,我们或多或少都曾有被抛弃、被忽略、被边缘化甚至被羞辱的经验,于是我们的期待不能实现,需要得不到满足,心灵不能有效地和父母、亲人、自己契合。他们对待你的方式使你觉得你的存在是不重要的,你是没有价值的,是不被需要的。因为你的价值没有被看见或认知,甚至遭到攻击或受挫,于是你就受到了伤害,而这些伤害会给我们带来持续的痛苦和折磨。我们为了维持我们的平衡和生存,就会用外在的虚假不实的东西去填补我们的伤口,或者去包扎、掩盖我们的伤口,甚至回避、选择性忘记我们伤口的存在。所以你和你的某个部分失去了联结,遗留下来的便是坑洞和匮乏感。

当你感受不到自我价值或回避自我的需要时,你的内心会有一种空洞的感觉。你会感到匮乏、自卑,只想拿外在的价值(金钱、名誉、地位、外貌等)来填满这个洞,你也会利用别人对你的肯定和赞赏来达到这个目的,你会以虚假的价值来填补这个洞,其实欲望和需求一旦出现,便暗示着坑洞已经冒出来了。你也会去建立各种关系,并在其中扮演一定的角色来满足自己的需要。

②认知的角色和关系

各种关系的建立,往往也是在填补彼此心中的洞,当你和某人建立起深刻的关系时,你就会用那个人来填补你的洞。你认为你从那人身上得到某些东西而将自己的洞填满了。例如,你可能会因为某个人欣赏你而感觉有价值,你无法意识到自己正在利用他人的赞美来填补心中的洞,只要你和那个人在一起便感觉到有价值,如此一来,你会不知不觉地认为是那个人使你变得有价值。那个人一旦死亡或关系结束了,你不会感觉失去了那个人,你感受到的是填补坑洞的东西不见了,而这就是你会那么痛苦的原因(父母、亲人、妻子的离去)。这才是创伤和痛苦的真正原因,由失落感、无价值感所造成的伤痛(当然各种关系的建立也和自己的生存、安全密切相关)。

只要伤口没有愈合,空洞没被填满,就很少有人能真正填满你所有的洞,虽然你的生活中充满着各种人与活动,但他们仍旧无法填满你所有的洞。当然,坑洞是无法被彻底填满的,只要对方有一点变化,或者说了某些让你不舒服的话,你就会感受到那些坑洞的存在,你会再度感觉到那些洞,"喔,他根本不认为我有任何价值"。你感到愤怒和受伤,是因为心中的洞又暴露了出来。

我们在生活中需要不断地去抓取,是因为对方无法永远填满你的洞,特别是对方也可能需要你去填满他的洞。即使你有幸找到了生命中完美的另一半或适合某个空洞的人并能长期相处,你仍会有一丝空洞洞的或虚幻不实的焦虑不安感,因为"真我"知道"此关系非彼关系",给你造成伤害或空洞的是"彼人而非此人",于是我们还会反复不断地抓取,而我们是不可能真正从各种关系和角色扮演中得到满足的,于是我们就会有各种角色的错位或关系的错配。

③情绪的安全和联结

由于我们从根本上失去了安全感以及与自己、与亲人的联结,因此所造成的伤害导致我们不敢去面对真正的空洞或伤害形成的原因,从而也形成了各种情绪。

只有勇敢地去面对,只有直接体验这份失落、分离和痛苦的感觉,你才有可能认清那些能填满你的东西并不是你真正所需要的,而是虚幻不实的。如果你能跟这份失落感中的痛苦共处,而又不试图以别的东西掩盖它,不企图改变它,只是留意并试着去理解它,便可能体验到而且会看见那份不足和空洞、空虚的感觉。如果你允许自己去体会那份不足和空虚,你就会发现自己最根本的部分,并且能一劳永逸地填满那个洞。准确地说不是填满,而是从此清除了心中的坑洞,不再认同那份匮乏感了。这么一来,你便拾回了自己的一部分。你和你早已丧失的某种本质(真我)重新联结上了,这些是以往你认为只有靠别人和外在的价值才能办得到的。

假设你理解了这份不足以及它的源头,你很可能会忆起那个造成你无价值感的事件或事件的原型。我们必须在最深的层次重新经历那份痛苦,而且要贴近那个坑洞,才能看见这些记忆。

我们一旦认清早期的那份失落感是什么,被我们遗忘的本体自然会重新活络起来。因此,深刻的失落感往往是成长的机会,它可以使你更了解自己,更清晰地认识到那些你以为靠别人才能填满的洞。

不幸的是,人们通常会极力防卫,不让自己深入地感受那份失落。这么做主要是想逃避再现受伤时的情景以及内在的空虚。我们并不清楚空虚或不足乃是丧失某个更深的东西的征兆。那个东西就是我们的本体(真我),而它是可以被重新拾回的。

④身体的言行与表达

由于内在的安全与联结、需要和价值得不到满足,加上角色的错位和关系的错配等等这些内在的混乱,自然会表现在身体上,形成各种言行与表达、合作与分离的混乱。

如果坑洞全都清除了,情感上就会明白自己的真正价值和需要,情绪的安全与联结也得到了满足,这些情绪也就会消失。

我们知道各种哀伤、痛苦、孤独、寂寞、焦虑、不安、嫉妒、愤怒、怨恨、恐惧全都是坑洞(伤痕)所造成的结果。如果心中不再有任何坑洞或伤痕,你就不会有这些情绪以及身体外在的表现,那么剩下的就只有本体(真我)了。这就是为什么这些情绪会被称为激情、错觉或虚假的感觉。

可遗憾的是,整个社会都在教我们拿外在事物来填补自己的洞:我们应该从外在获得价值感、爱或力量。我们时常谈论与人为善、恋爱或拥有一份有意义的事业是多么美好的事,就像人生的意义都要仰赖这些活动似的。我们总是将意义归功于某个人或事,而非真正有功劳的本体(真我)。整个社会的安排都是要人们互相补洞,我们所熟知的文明便是建构在补洞之上的。它既是人格的产物,也是人格的居所,它维持和滋养了我们的人格。

伤痕理论:在成长过程中受到伤害时,我们认为我们缺乏的东西都是我们反复抓取的。

因为害怕失控,我们不断重复抓取东西的方式有两种。

一种是显性的、外在的、物质的、我们可以意识到的、能以直接的方式抓取的,如物质财富、名誉地位、金钱、爱情、友谊、亲情等。

另一种是我们不容易意识到或感觉到的,如我们会采用生病、衰老、失败、反叛等方式寻求关注或关爱，以贫穷、孤独、寂寞、不快乐等方式表达对父母的爱，以爱的名义来实施对孩子、亲人的控制，以自虐的方式来虐他，甚至会以相反的方式来表达自己不为人知的目的；又如一个人会以对父母过度的忠诚来表达对父母潜意识里的不满和恨，一个人会以过于顺从、柔顺的态度来掩盖内心对自己的不满。

我们不向内观察，不去了解到底是我们哪些爱的需求没有得到满足，我们在生活中就会始终以各种形式、各种方式去抓取，就会始终以假为真，乐此不疲，循环轮转。

人格模式

一、什么样的心态呈现什么样的人生

努力为了理想的人：天生对自己满意的人，会积极直达自己的目标，积极包容所有的人，帮助所有的人。

努力了而犹豫不决的人：不相信自己有这个能力，需要外在的动力，骨子里自卑而又自负的人。为什么不想往上爬，触动了他的痛点，童年乃至成长过程中曾经想要拿到那颗果子的时候受到打击，所以停滞不前，在重复儿时形成的模彼。

思想偏离、一意孤行的人：偏执型人格，盲目自信而又自大。

为了理想伤害别人的人：踩着别人往上爬。用损害他人的方法来发泄自己对上面人的不满。如果你对什么不满，就是对自己不满本身的不满。

不付出任何努力就想得到的人：他首先要认为自己能够成长，并且基础是可塑的，才会越变越好。

呆呆地幻想的人：拿外界的要求攻击自己，对自己越来越不满意。

当你自己对自己接纳与赞美加强的时候，才不会导致自满和退步。有位哲人说："如果我们自己不背叛自己，不会有人背叛我们。"当我们觉得别人背叛了我们的时候，实质上是我们首先背叛了自己，背叛了自己的心。痛苦对人最大的消耗是对人心底所有阴影的战争,如果我们不把这个阴影拿到阳光下让它透明,那就是小猫永远围着自己的影子在转。

如果对什么东西不满,我们要觉察,对自己不满本身的不满,就是对害怕本身的害怕,恐惧自己的恐惧,忧伤自己的忧伤。

儿童为什么对自己满意呢?一个人长大后为什么有那么多不接纳呢?为什么有那么多恐惧、烦恼、不被满足感呢?

什么样的性格决定什么样的命运。

心胸坦荡的性格,获得贵人相助的人生;
狐疑猜忌的性格,获得众叛亲离的人生;
慈悲宽容的性格,获得平台宽广的人生;
助人为乐的性格,获得众星捧月的人生;
思想纯洁的性格,获得知足常乐的人生;
顽固不化的性格,获得人见人厌的人生;
通情达理的性格,获得人见人喜的人生;
狂妄自大的性格,获得贫困潦倒的人生;
迷惑颠倒的性格,获得庸俗混日的人生;
刚愎自用的性格,获得孤家寡人的人生;
处事严谨的性格,获得担当重任的人生;
浮浪不羁的性格,获得一事无成的人生;
自私自利的性格,获得满路荆棘的人生;
谦恭好学的性格,获得常生智慧的人生;
阴险狡诈的性格,获得自掘坟墓的人生;
常生烦恼的性格,获得草木皆兵的人生;
心态阳光的性格,获得欢悦自在的人生;
恃才傲物的性格,获得知己难逢的人生;
心包太虚的性格,获得兼容百家的人生;

斤斤计较的性格,获得勉强糊口的人生;

慈悲为怀的性格,获得清净觉悟的人生;

……

因此,是不是改变性格,才能改变命运,需要我们好好思考,是不是真正把内心的碎片、伤害、恐惧原型找到了。没有找到原型,一件想出来的事情会不会真的发生？拿一件不可控的、变化无常的事情来吓唬自己,是不是杯弓蛇影？这个蛇影的标签又是谁贴上去的呢？是不是自己贴上去,然后向外寻找自己的同类,相同类的就感觉有安全感,不同类的就会有不安全感？是不是马上就会否定、隔离、排斥、疏远？而这些恰恰都是在心上作念,在妄想中打转,从来没有见到心性本体。要找到人格本体,就不能够被妄念所牵,在幻象上打转。

人生,是在每天的作业与智慧的消业这一过程中洞见明心。

三元四相位人格模式心理学是将东方哲学和西方心理学完美整合而成的全息系统观和心学方法论,是一个帮助我们找到自我人格模式的心理地图和清理重建人格模式的最好工具。

二、系统观

一体二能三元四相位人格模式系统是大物理(气)与大化学(数)的关系。

无极生太极,太极是道,"道生一,一生二,二生三"。

天地交合,乾坤否泰,太极本质在于整体的"一",寓意矛盾双方不可分割;在整体的"一"里面,有阴阳两股能量和合变化;进入到三,才是道学、佛学的天地人"三元中观大道",天地人为大三元,信息、能量、物质为小三元,小三元是构成大三元的基本元素;阴阳交合的时候不断产生各种各样的化学变化,产生四相;四相产生后又产生不同的交合,产生不同的现象,八八六

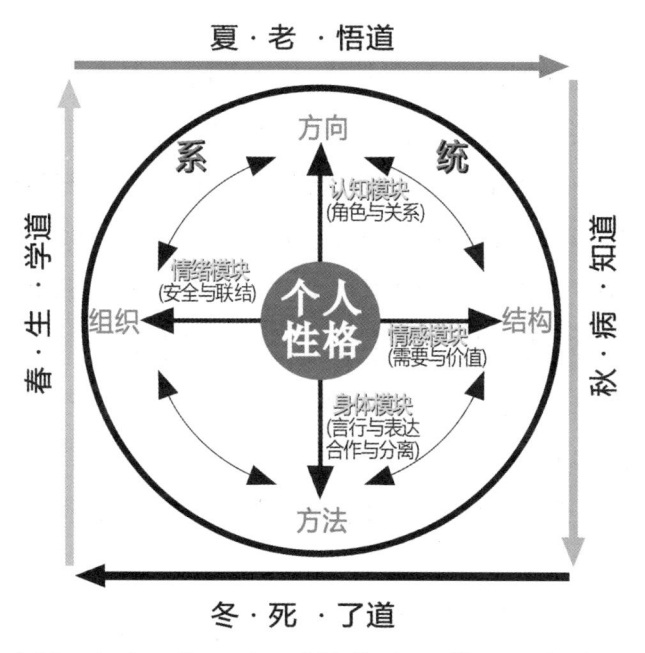

```
                    夏·老·悟道
              ┌─────────────────────┐
              │      方向           │
              │  系        统       │
              │   认知模块          │
              │  (角色与关系)       │
    春        │情绪模块  个人  情感模块│    秋
    ·        │(安全与联结) 性格 (需要与价值)│   ·
    生    组织│          →     结构│    病
    ·        │  身体模块           │   ·
    学        │(言行与表达          │    知
    道        │ 合作与分离)         │    道
              │      方法           │
              └─────────────────────┘
                    冬·死·了道
```

十四化就出来了。六十四化还可以继续分,但不管怎么分,都要回到人和整体的"一"上面来,大三元的"天地人"上面来。

人是有生命的个体,天地是能够为生命提供生存环境的空间,三者在全息虚空场内,进行着大物理和大化学。

大物理是定数,大化学是变数。定数和变数决定周期,定数和周期间看变数,定数和变数之间看周期,从周期间也可以看定数和变数,定数是不能改变的,变数是可以改变的,可以通过改变变数拉长或者缩短周期。在全息虚空场内,不断地阴阳化合,万物乃生,相生相克,场场相连,相互交集,循环生息,又统归一体。

春夏秋冬是宇宙大系统的运转规律,是物理定数,是整体的"一",是一个循环周期;围绕这个定数所产生的"一"中所含的"二"和"二"中所延展出来的"三"和"四"等,各种各样的因素组合化学变化是变数;从这些变数中可以看出春夏秋冬的阶段周期,比如三个月为一季,以及整体周期,比如一年为一个轮回,还可以透过变化因素了解各个季节有的延长、有的缩短的原因。

生老病死是人的大系统运转规律,是物理定数,是整体的"一",是一个循环周期;围绕这个定数所产生的"一"中所含的"二"和"二"中所延展出来的"三"和"四"等,各种各样的因素组合化学变化是变数;从这些变数中可以看出生老病死的阶段周期,比如童年、少年、青年、中年、老年,以及整体周期,比如一生为一个轮回,还可以透过阶段周期中的变化因素了解各个阶段有的延长、有的缩短的原因。学道、悟道、知道、了道是人的生老病死这个大系统阶段周期中的变化因素,是化学变数,变数的改变可以拉长和缩短阶段周期及整体的循环周期。

人在春夏秋冬和生老病死提供的磁空场当中学道、悟道、知道、了道,不断地轮回。

认知、情感、情绪、身体四大模块是人的个性人格系统运转规律,是物理定数,构成个人个性人格整体的"一";围绕这个定数所产生的"一"中所含的"二"(阴阳两股能量)和"二"中所化合延展出来的"三"和"四"等,各种各样的因素再组合变化是变数。

从角色与关系、需要与价值、安全与联结、合作与分离这些变数中可以看出学道、悟道、知道、了道的阶段周期,比如素质、素养、文化、命运等,以及整体周期,还可以透过阶段周期中的变化因素了解各个阶段有的延长、有的缩短的原因。

四大模块都不是相互独立的,没有谁是开始,谁是结束,而是相互联结、连续完成和循环往复的。

人的个性的形成一定要在人的系统内,人又在天地宇宙的规律系统和社会的秩序里面,如果说宇宙规律是阳,社会秩序就是阴,在天地宇宙运转的规律和社会秩序中,阴阳要和合,那么规律和秩序之间,通过信息、能量、物质的相互作用和转化,产生三元四相位系统人格四大模块的运作,也就是大化学的过程。

三元四相位四大模块构成了人格的心理地图,我们要把三元四相位的自我系统看成一个"一",四大模块里的认知模块、情绪模块、情感模块、身体模块是"一"中含"四",不可分割,从任何一个模块都可以进入,四个模块是联动的。

认知、情感属于阴,情绪、身体属于阳。

人存在于这样一个系统内:认知是方向,达到角色与关系的自我认定和社会认定;情绪类同于系统组织,产生安全与联结的调配,合理释放身心能量;情感类同于系统不同层级的结构,产生需要与价值的满足和认可感;身体类同于方法输出,产生交流与交融、合作与分离的言行动作。

认知模块帮助一个人认识和确立安全关系与角色身份,人生中的痛苦、命运等,都是来自于"心念",心念一体的人能够认同自我身份。如果一个人对自我的身份不认同,那么在现实生活中会很痛苦,会虚拟一个假我。假我活得很满足,掩饰真我的痛苦,因为能在假我中得到身份认同。

认知模块就是核心,是方向,如同照相机选择塑造取景,是从认知上调整和修正安全关系和角色身份的。

认知模块有"四化":强化、弱化、同化、异化。

情绪模块是认知和情感的外显部分,在选择与体验中认可与接受社会排序,如果不接受这个社会排序,就会没有安全感,不会产生很好的联结,就有情绪表现写在脸上。

情绪模块是组织,是照片,是体现认知与情感的安全和联结状况。

情绪模块有"四射":内射、外射、映射、投射。

情感模块是内隐部分。情感在认识、认可、认同的角色关系中产生联结与认同,相反就是相反反应,不认识就是不认可、不愿意认同,角色关系就不会产生安全联结,这就是情感上的排斥,就会有不被需要、没有价值的情感隐藏于内,感情很多时候是放在心里的。

情感模块是结构,是底片,是向内输入和向外输出需要和价值。

情感模块有"四位":错位、移位、归位、转位。

身体模块是一个执行官,所有的情感认知都是通过身体来完成的,在需要与被需要的生理和心理基础上,在信任、信赖、信仰的情感基础上产生依附、依赖和依恋的反应,反之则显相反反应。

身体模块是方法,是言行与表达,是对应其他三大模块或合作或分离的最终呈现。

身体模块有"四习":习得、习惯、习气、习性。

我们还要把自我系统放在天地宇宙这一个大的系统中。

三元四相位系统人格四大模块外围是春夏秋冬、生老病死、学道、悟道、知道、了道。

春夏秋冬意味着宇宙规律,生老病死意味着人的一个周期。大的规律是不会改变的,宇宙是这样,人是这样,万物是这样。人只能遵循"道",也就是自然规律,透过学道、悟道、知道、了道等这些周期中的变化因素的改变,了解春夏秋冬、生老病死周期延长和缩短的原因所在。

作为在这个大系统中的人,首先要学道,学习如何在自然环境中生存;然后悟道,就是学到了一些道理,开始去运用、去思考,就是消化和转化、内化的过程,怎么样才能与自然更好地相应,更好地与自然秩序相应;再就是知道,通过经历形成经验,知道收获了什么,如何去收获;了道就是人在这宇宙规律和社会秩序当中,如何去适应生存、去发展传承。

无论是春夏秋冬、生老病死,还是学道、悟道、知道、了道,都是一个循环,它们彼此间是循环过程,也是交合过程,在交合时会有一些变化。

一体二能三元四相位,一体即心即道,也即心法,是道学的"一",是《易经》的"太极",是全息心学的"全息世界,了了无心,循环生息,全然一体",是人格模式的"人性品格"。二能,是《易经》中的阴阳两股能量,和合变化,阴阳平和。三元,是《黄帝内经》的天地人,是全息心学中的"信息、能量、物质";是教法里的"三命、三身、中观、身心灵"的转化合一。四相,是佛法里的成住坏空;是人生中的生老病死;是《易经》中的四仪春夏秋冬;是天地交合的定数、变数与周期的规律显示;是人格模式里的认知、情感、情绪、身体的相应和融合;是作用于自己的内心,直达"内化于心、外化于形"的境界;四化、四射、四位、四习与《易经》中的八卦生六十四卦、阴爻阳爻变化、五行中的生克制化合相应;是定数中的变数、变数中的能量消解的具体周期反应和与大系统的全息相应。

有关系才有结构,有结构才有组织,有组织才有系统,有系统才有(全息虚空场)背景,个体人格在关系与条件、成长与选择、感觉与体验中联结与转化,在阴阳平衡运动中接受、消化、和合、循环。

一个人格系统;两股能量流(阳显阴隐、升降平衡)的和合变化;三个元素:信息、能量、物质的相互转化;四个模块:阴:认知模块、情感模块,阳:情绪模块、身体模块;八个要素:角色与关系,需要与价值,安全与联结,合作与分离;十六块骨骼:强化,弱化,同化,异化;内射,外射,投射,映射;错位,移位,转位,归位;习得,习惯,习气,习性;六十四化血肉。

三、模块论

认知模块(内隐中道部分):一体二面三识四化

1. 心念一体
2. 阴阳二面
3. 三识互通
4. 强化,弱化,同化,异化——四化联动:

强化性强化,强化性弱化;强化性同化,强化性异化;
弱化性强化,弱化性弱化;弱化性同化,弱化性异化;
同化性强化,同化性弱化;同化性同化,同化性异化;
异化性强化,异化性弱化;异化性同化,异化性异化。

情感模块(内隐部分):一体二元三观四位

1. 心智一体

2. 阴阳二元

3. 三观恒通

4. 错位,移位,转位,归位——四位联动:

强化性错位;强化性移位;强化性转位;强化性归位;

同化性错位;同化性归位;同化性移位;同化性转位;

异化性错位;异化性移位;异化性转位;异化性归位;

弱化性错位;弱化性移位;弱化性转位;弱化性归位。

情绪模块(外显部分):一体二念三知四射

1. 心绪一体

2. 先后二念

3. 三知递进

4. 内射,外射,投射,映射——四射联动:

强化性内射;强化性外射;强化性投射;强化性映射;

弱化性内射;弱化性外射;弱化性映射;弱化性投射;

同化性内射;同化性外射;同化性映射;同化性投射;

异化性内射;异化性外射;异化性映射;异化性投射。

身体模块(和合外显部分):一体二为三力四习

1. 心力一体

2. 能动二为

3. 化学三力

4. 习得,习惯,习气,习性——四习联动:

强化性习得;弱化性习得;同化性习得;异化性习得;

习惯性强化;习惯性弱化;习惯性同化;习惯性异化;

习惯性内射;习惯性外射;习惯性映射;习惯性投射;

强化性习气;弱化性习气;同化性习性;异化性习性;

自我系统是人格(个人性格)化的产物,是人在社会化的过程中,"涉及人际安全的维持系统"。来自外部的挫折、惩罚产生焦虑感,来自内化的满足产生欣快感,人在维持这二者之间的平衡状态的水平高低,显示出各自的人格差异和自我价值认同取向。

心理学需要解决两大问题:一个是人生各种生存的安全感的合理化,一个是爱与需求满足感的合理化。

自我系统是什么时候形成的?它开始于和母亲的割裂与分离所产生的焦虑。童年、少年时期经历的各种焦虑和满足的经验通过放大、强化与刻意弱化逐渐固化为自我系统。自我系统形成以后,对于有着自我冲突和不利于自我的行为进行忽略和曲解,合理化自己,相反,对有利于自我的行为则消化、吸收、固化,形成心理版图上的重复模式。

人,是如何合理化自己的?不能合理化自己又会怎么样?会有自我不被认同的创伤经验,产生心理黑洞。而一旦积极合理化自己就能满足,消极合理化自己就会自虐,并伴生攻击性,甚至产生反社会性。反社会人格冲突就是基于个体内在人格的分裂。一个是合理化的、理想化的自我,一个是不被他人需要的、不被他人认可的自我,于是,个体干什么坏事的动机都能被其合理化。

既然合理化自己,别人的行为就不合理化了吗?如何做到双向合理化呢?不能合理化他人又会怎么样?个体会选择隔离、攻击、逃避。

既不能合理化自己,又不能合理化他人会怎么样?会出现人格冲突,转化不力,最终将形成人格障碍。

人格模式系统是体,四大模块是相,六十四化是用。六十四化是一个觉察自我、了解他人的工具,体相用为一体,每一化都能够起连锁反应,呈现动态互联。

从其中任何一化,都可以全息当下一个人的一切动态。

"沿流不止问如何? 真照无边说似他;离相离名人不禀,吹毛用了急需磨。"这四句偈子将佛法中"体相用"都囊括其中。

几乎在任何时候、任何环境中,我们都不免带着这些心理碎片,评判着他人,辛苦了自己,战战兢兢,而不能做到移步换景,做到场动,角色信息变换,关系能量的自如流动。我们要时刻保持正知正念,不把心停留在那生出的不受控制的像流水一样的念头妄想上生生灭灭,要知道自性知道,有我又无我,达到意识与潜意识里的底片一致,将自己放在三元四相位这样一个人格系统内去观照自己,从六十四化洞察入口,彻底清除自己内在的心理碎片,了知我们并非只是一次肉体的出生,还要达到一次灵魂的觉醒,这样才是真实、真正地活着。

认知的方向正确,就不会在情感的心田里种上杂草般情绪的种子,当我们种下了这样的种子,结果必定会杂草丛生,我们要通过六十四化觉察,去识别给自己带来坏情绪的种子,将杂草连根拔起,种上花种,让他们在我们的心田开花结果,散发芬芳,直达本体,明心见性!

四、动机、模板、人格、人格冲突、人格障碍

王阳明与友人游南镇,一友指岩中花树问曰:"天下无心外之物,如此花树在深山中自开自落,于我心亦何相关?"先生曰:"你未看此花时,此花与汝心同归于寂;你来看此花时,此花颜色一时明白起来,便知此花不在你的心外。"

贝克莱说:"存在即被感知。"

黑格尔说:"存在即为合理。"

现代量子力学说:"意识观察改变事物本体。"

王阳明说心外无物,世界的意义在世界之外,心不去感知,任何外在对你毫无意义。

当我们起心动念时,这里面有一个动机存在,多种动机同时出现并且无法权衡是造成内心冲突、人格失调的源头之一。

每个动机背后都有一个原生事件、原生情结、心理痛点。

人格模式的认知代表方向,人格即个人性格,性即习性,格即品格,习性反应中的品格存在,个人性格简化为人格,可群指、可泛指、可单指。什么是标准? 标准是在创新中调整的,科学永远是发现真理,而非真理本身。

习性是从原生家庭习得的,多少劫以来的携带的有能量的信息还原。个人性格一方面体现在个性,一方面体现在人格,一个外显,一个内隐,一阴一阳。环境决定性格,性格决定命运。

习性反应有许多模板(以心印月,月在心中;以心映月,心在月中)。模式是手段、方法,模板是决定往哪个方向的驱动力,是从原生家庭习得而来,是在观察、模仿、与父母的互动中逐步形成的。个性改不了,是因为背后的模板没改,是因为我们在思想和思维状态里停留了太多的模板,我们的情感、记忆、婚姻等都有模板。

怎么改变模板、重建模板?

时刻洞察、觉察当下生起的每一个动机,情绪、情感、认知、身体背后都有动机,单一动机产生单一行为,多种动机并存造成人的内心冲突和人格冲突,是人格障碍的本和源。

知为行之始,行为知之果,知行合一。

一体即心即道,其实我们内心本空,内心那么多模板都是假自体去做的,是假自体按社会与家庭模板塑造强化出来的自己,按一定模式重复。其背后也有动机来源,有未被满足的需要所形成的心理黑洞,要么动机被合理化了,有些行为就可以解释了;要么被扭曲了,就产生抗拒,背后也有动机。即爱的需求、安全感的保障,两大需求里面有黑洞、有伤害、有不被满足等标签在上面。

产生强烈的动机背后有很多的需求被压抑,内心有冲突,现实环境里又不允许,反复压抑矮化的结果就产生了抑郁症;反复强迫自己弱化这种动机则易产生强迫症;外在反复淡化,内心不断强化,信息不是相互对应而总在矛盾之中对抗,就容易产生忧郁症。

真假自体如同衣服和身体,看似一体,实则分离变化不断。假自体在欲念、意念、观念上塑造出来自己要做的人和事,而真自体就是我们时刻觉知当下的角色和关系的对应联结。许多人时刻活在假自体中,要么以约定俗成而甘当从众的羊群,引以为习,习以为常;要么以假为真,抱着假自体不放,还要别人认可。如俞伯牙在汉江边鼓琴,一个戴斗笠、披蓑衣、背冲担、拿板斧的樵夫钟子期感叹说:"巍巍乎若高山,荡荡乎若流水。"传说两人因此成了至交。钟子期死后,俞伯牙认为世上已无知音,终身不再鼓琴。钟子期何尝不是俞伯牙衬托自己的一个影子——那个孤独落寞而不得志、不得意的假自体呢?

过去,有位仙崖禅师外出弘法,路上,遇到一对夫妇吵架。

妻子:"你算什么丈夫,一点都不像男人!"

丈夫:"你骂,你若再骂,我就打你!"

妻子:"我就骂你,你不像男人!"

这时,仙崖禅师听后就对过路行人大声叫道:"你们来看啊,看斗牛,要买门票;看斗蟋蟀、斗鸡都要买门票;现在斗人,不要门票,你们来看啊!"

夫妻仍然继续吵架。

丈夫:"你再说一句我不像男人,我就杀人!"

妻子:"你杀!你杀!我就说你不像男人!"

仙崖:"精彩极了,现在要杀人了,快来看啊!"

路人:"和尚!大声乱叫什么?夫妻吵架,关你何事?"

仙崖:"怎不关我事?你没听到他们要杀人吗?杀死人就要请和尚念经,念经时,我不就有红包拿了吗?"

路人:"岂有此理,为了红包就希望杀死人!"

仙崖:"希望不死也可以,那我就要说法了。"

这时,连吵架的夫妇都停止了吵架,两人不约而同地围上来听听仙崖禅师和人争吵什么。

仙崖禅师对吵架的夫妇说教道:"再厚的寒冰,太阳出来时都会融化;再冷的饭菜,柴火点燃时都会煮熟;夫妻,有缘生活在一起,要做太阳,温暖别人,做柴火,成熟别人。希望贤夫妇要互相敬爱!"

很多时候我们都被妄念驱动,以至于我们经常在生活中扭曲了角色认知,被假象所扰,产生了理想化和单向合理化的自我肯定,在选择性吸收与重复性内化中录入了个人的标签化情感记忆,去得到情感需求的替代性满足和补偿性满足。而不被满足的情感需求和价值认同所形成的强大推力,又会在认知体系里启动否定、隔离、异化等运作程序,从而累人累己、害人害己,忘却了只要从认知的念头上调整角色与关系的适时对应和及时反应,从人格通道与信条上改变内外得体的合作模式,就能够归于本体,时时感受当下!

认知模块

一、一体二面三识（中道部分）四化

（一）心念一体

心念一体，需要我们把认知时时刻刻调到阴阳和合的中道部分。我们在现实性里面有个精神主体，但是在这个现实性精神主体之外，我们自己还塑造了一个理想性客体！这个理想性客体在一定的环境之中，它又变成一个主体，现实性的精神主体则变成了一个客体，经常变化。

我们很多人把自己的忧伤、哀愁、烦恼放到这个理想性客体的黑洞之中，不得出来，忽略了现实性精神主体的培育和培养，其实他们之间是相互变化的，心念一体就是我们在现实性精神主体和理想性精神客体间心念上的角色扮演和关系身份认同。

很多人是把理想性客体的身份认同放到现实生活中来，人家不认同。有的人是现实性精神主体自我认同，而在理想性精神客体里自己不认同，造成了人格上的矛盾。

多种动机冲突是产生人格矛盾纠结的主要源头。动机也产生角色扮演和关系身份的认同问题。

身是物质,心是精神,灵是灵魂(或是神识、自性)。我们很多人活在身和心的层面,根本谈不上灵的层面,有的人终其一生都没有把身心灵合一。身心灵合一的人极少,我们称其为大彻大悟的觉者。而实际上,人人都能大彻大悟。

身心灵的各个层面和各个层次模块聚合而成一个组合体。人是组装而成的一个聚合之体,生命的每个细胞都全息了所有基因的生命体信息,细胞间也相对划定了各自角色,从而产生相应关系。

(二)阴阳二面

阴阳二面,显性和隐性。阴就是痛苦与焦虑,阳就是快乐和满足。有些人外表表现得弱小,内心却很强大;有些人外表表现得很强大,其实是为了保护他内在的弱小。外在的显性和内在的隐性如果不统一,就说明这个人有太多的故事,要么就是自己编写了很多故事,要么就是经历了很多故事。平衡好痛苦与焦虑、快乐和满足之间的这种转换关系和统一关系就是阴阳二面。

(三)三识互通

识识互通,无论是西方的前意识、意识、无意识和潜意识,还是唯识宗里的八识,我们都需要转识成智,转魔成佛。如何转知识、转认识成智慧呢?人的转变就在一念之间。潜意识作为真我一直在记录、记忆、观察;意识根据习得、情感情绪、思维模式做出判断决定。所以,人生就像一场戏,有些人借演角色遮挡了潜意识的我,他以为别人不了解,让别人不能了解他,往往更多时候,在他演的角色中就暴露了真我;有些人意识入戏了,迷失了潜意识;有些人卸了妆就回归到当下的意识之我;有些人演着的过程就是三识互通的过程。

(四)强化,弱化,同化,异化——四化联动

个性化是我们对自己或他人在需要满足和焦虑中产生的情感、态度和概念的综合印象。

个性化认知都有正反对应的两种,一旦主体和客体转换,人格模式就发生变化。

强化与弱化、同化与异化这两种就是正反对应的个性化认知。

四化按照作用方向也可以分为正向和反向。比如:正强化和反强化;正弱化和反弱化;正同化和反同化;正异化和反异化。四化按照客体的变化也可以分为正向和反向。比如:向内强化和向外强化;向内弱化和向外弱化;向内同化和向外同化;向内异化和向外异化。

无论是正向还是反向,处于平衡的中观状态就能够做到不偏不倚,和为中道。

人格的表现和划分千人万面,十六种人格对应各种人格关系,同而不和。同,是本质相同;不和,就是外表千差万别。

共性是和而不同,个性是同而不和。和,我们称为在每个人身上共性都是一样的,但是在每个人身上的表现又不同。民族性格在每个人身上都有,这叫和。不同呢? 就是在每个人身上表现的强和弱不同,再到和而大同的民族个性。我们一个人能不能做到我们身心灵的和而大同呢? 民族个性能够做到,一个人也能做到,我们也可以放大到一个群体,群体是这样。那这个国家就会坚不可摧,一个人做到身心灵合一,就很了得。所以中国人的群体性文化的基因和社会环境的轮回变化所塑造出的主体人格,基本上由这十六种人格组合而变成六十四种,甚至更多。

认知模块中强化、弱化、同化、异化这四化之间是彼此相互交叉联动的，这四个化可以产生四四一十六化，相互交叉联动，跟十六种人格模式对应，就像《易经》中的阴阳爻，每一爻都有几个卦象的变化。

强化性强化，强化性弱化，强化性同化，强化性异化；弱化性强化，弱化性弱化，弱化性同化，弱化性异化；同化性强化，同化性弱化，同化性同化，同化性异化；异化性强化，异化性弱化，异化性同化，异化性异化。

认知模块变化组合有十六种人格：强迫型人格、偏执型人格、攻击型人格、癔症型人格、孤独型人格、巧妙妥协型人格、顺从型人格、分裂型人格、忧郁型人格、依恋型人格、反社会型人格、回避型人格、追求型人格、强迫性竞争型人格、自恋型人格、古板型人格。

一千个人有一万种人格模式，因为每个人身上或多或少有多种人格，比方说强迫型人格和忧郁型人格，结合起来就是强迫性忧郁型人格，偏执型人格和攻击型人格结合起来就是偏执性攻击型人格，还有强迫性妄想型人格等。所以，能组合出六十四种，甚至更多，但是万变不会离开这六十四种，也就是说一个人不可能同时兼有三种以上的主体人格。一个人若有三种以上的主体人格就太累了，就有可能造成人格冲突。

有哪一个人只有一种人格呢？人格是不断发生变化的，在三元四相位的人格模式图里面，只要把六十四化放到人格图里面去，怎么变都变不过这六十四。怎么变？六十四还会还原为十六。怎么变？十六又还原为四，四而一，最后还原为一。就是说把这六十四化搞清楚了，各种人格就搞清楚了，人格障碍是怎么产生的，跟哪一化有关系，就清楚了。

每个人的人格都在强化、弱化、同化、异化的自我作用下形成，我们称之为认知四化。遗传因素、原始的家庭环境及小时候对我们影响较大的人物、事件等都是影响我们人格形成的因素。

认知四化的强化、弱化、同化、异化，每一化都自含阴阳（显隐），同时，强化、弱化、同化、异化四者又互为阴阳，是一不是四，相互联动转化互变。

如异化性同化:三国里的曹操,几百年来都被丑化(异化),有"红脸的关公、白脸的曹操"之说。异化的过程就是通过各个文学作品的口口相传,把曹操变成了一个大奸雄。这种习惯性认同的惯性力量使大家把对曹操的异化上升到了一种群体意识。

这种群体意识的认同,很容易形成个体意识必须遵循的某种规则。如大家一致同化曹操为奸雄,刘备、关羽、张飞是忠义之士,实际上是强势群体反复强化性强化的结果。

异化性同化里面也有强化性强化。为什么?经过五代十国以后,宋朝需要强化刘、关、张的这种忠勇、仁义来作为国家思维,让老百姓统一这种认识,而不需要像曹操那样篡权、挟天子以令诸侯的人。每一个朝代,它强化某一种人,异化某一种人,是需要同化某种思维意识。就是说,个体所认同和不认同的必须受群体意识的同化,需要统一的清晰概念。

在各种角色与不同关系的对应中,角色与关系的同一性(移步换景,因人因事,角色适时转换),角色与关系的复合性(如卓别林的自我角色、家庭角色、社会角色、喜剧大师角色、滑稽戏中的小丑角色等),角色与关系的分裂性(内在自我认定角色与外在自我输出角色的矛盾与冲突),都能在四大模块(认知、情绪、情感、身体)当中找到产生对应影响的源头事件和三个自我的化合组合形式。

我们在强化审视化父母自我(超我)和平行化成人自我(自我)的同时,自然地会去弱化儿童化自我(本我)。三个自我同步强化、同时表现不太可能。三个自我组合产出的多种角色的信息混乱是一切关系混乱扭曲的原因。我们如果想要把所有对应的关系搞得清澈、清明,就要把当下真实的单个角色复合归位形成角色的同一性,才能与外在相应的角色与关系良性互动。

比如,A跟一个同事B本来是单纯的同事关系,但是B依恋A,B在A身上投射了父亲或母亲般的情感,而A并不知道或知道却不愿意互动回应。B一旦在A身上投射某种角色就会对A有要求,而A没有用那种可以依恋的父母化的角色来跟他响应对接,只是用普通同事的角色来跟他对接,B就会觉得A这个人不解风情,就会感觉到愤怒。通常,他会用两种方式释放这种情绪,一种是内指向性向内攻击,感觉自己被忽略,不被理解,自己不够好,自我矮化,自卑自怜;另外一种是外指向性向外攻击,单向强化自我所设想、所认定的角色,并合理化自己的行为后向外攻击,"我都对你这么好,你竟然不领情?""我对你这么好,你居然看不见?""真的是没心没肺,真的是狼心狗肺,真的是看走了眼。"等等。如果归位到普通同事这个角色上面来呢?所有的愤怒是不是就会消失,所有的关系是不是瞬间归于平和、平静、平常?

当一个人时时跟平行化成人自我共生的时候,他不容易产生偏执性的攻击行为或者说强迫性回避行为。因此,当我们有大量的情绪产生的时候,有大量的愤怒产生的时候,就需要我们来检视一下我们当下的这个角色是不是跟儿童自我角色共生,有没有跟我们儿童时期所形成的这种痛点环境共生、共鸣、共情了。

无论是审视化的父母自我、弱势化的儿童自我,还是平行化的成人自我,每一个自我里面都有强势、弱势两股不同力量所呈现的一面。如,或强势化、或弱势化的审视化的父母自我,或弱势化、或强势化的儿童自我,还有或强势化、或弱势化的成人自我。角色的同一性建立在角色的复合性上面,角色的复合性又体现在三个自我的组合性上面。

审视化的父母自我跟弱势化的儿童自我结合,容易形成兔死狐悲式的应急反应,一旦把这两种自我组合在一起,危机感和急迫感就会随之强化,就会出现借题发挥,释放愤怒的替代性满足状态。平行化的成人自我里面有强势平行化与弱势平行化两种表现。强势平行化的成人自我里面基本上是与当下时刻的单个强势角色相对应的。而弱势平行化的成人自我往往要么跟强势的审视化父母自我组合,在现实生活中我们经常看到一些弱势群体会常常依附于强势的群体这一边,唯唯诺诺,骑墙派,哪边强附和哪边,哪边不强,良知强一点保持沉默,良知弱一点还跟在强的一边来当帮凶;要么,弱势平行化的成人自我与弱视化的儿童自我组合,儿童态,长不大,恋母情结,孤独回避,平行化的成人自我不是完全被覆盖,就是完全被异化,形成分裂样人格障碍,外面的大人经常性被内在的小鬼恐惧、惊吓。

成人化自我是平衡父母自我和儿童自我的,不能让父母化的自我过于强烈,阳太过,覆盖了儿童化的自我阴,阴和阳要平衡。怎么平衡?靠平行化的成人自我来平衡。无论何时,每个情境中的角色在当下的关系当中,既不能跟三个自我的某一个角色共生而忽略了另外两个自我,也不能在角色的共情当中单向地偏向哪一个自我,而必须是完全复合归一的角色与关系。

1. 强化、弱化

通俗地讲强化就是增强,令这种行为越来越多;弱化就是变弱、变轻、变少,表现为对自己当下的角色与身份不认同,或者消极被动认同,自我怀疑,强化对他人的依附,矮化弱化自己,体现弱者心态,将主体自我放在自我同情的身份认同中得到满足。

我们可以强化自己或别人的认知观念(角色与关系)、情感(需要和价值)、情绪(安全和联结)、身体(言行与表达,合作与分离),也可以弱化自己或别人的这四个模块。

正向自我强化是当人认为某行为有利时,不断自我肯定、自我激励。如:自己抓紧时间提前且高质量地完成了工作任务,父母自我高度认同,犒劳自己去旅游,好好放松放松。

反向自我强化是如果认为某种行为不利时,不断自我批判、自我指责,不接纳自己的行为和思想,以减少这种行为。如:不允许自己在工作时间玩电游,这种行为一出现就自我指责,一旦停止这种行为,就立即停止自我指责。

正向自我弱化:对于自身负面的认知、情感、情绪、行为,不断弱化,从而使自己不断改善。

反向自我弱化:不断自我否定、自我打击,从而让自己越来越没有力量和信心。

就像一枚硬币有两面一样,强化弱化是正反两面、正反对应,但并不是一个正、一个反,而是阴阳互变的关系,亦正亦反,非正非反。

强化自己,弱化他人,强化性经痛化,基础是成长环境里有其认可的人物模板,有家人,有政治、经济人物或明星。高度认同、自我肯定自己的社会角色,自觉不自觉地把自己与明星人物或者大人物等同;弱化他人,看不起或者矮化他人。

如:《爸爸去哪儿》有一期节目里,爸爸们划船去水中央取食材,S气宇轩昂地跟W说:"我爸爸是跳水冠军!"认知上对父亲是跳水冠军这样一个角色的高度认同,自然产生对W的弱化,有这样一颗强化的信息种子播下,从而对爸爸能在水中取得好的食材充满信心。

认知启动了S情感的记忆,情感的记忆里爸爸是跳水冠军,情绪上就有快乐的满足感,就有安全的联结,身体上就是一种合作的态度,欢呼雀跃。

强化他人,弱化自己,弱化性强化,基础是弱势人物所灌输的弱者心态,在自我同情的身份认同中得到满足。或者强化对他人的依附,来获得被保护、安全感的满足,这样一个模板的习得,大部分跟小时候父母亲的教育、家庭社会环境等映射到思维记忆里有关。如:汉奸对自己的角色身份是不认同的,或者说消极被动认同,但自己会假想为我这是没有办法,为了生存,从而强化对侵略者的依附,矮化、弱化自己,体现弱者心态,在自我同情的身份认同中得到满足。

例:某一女士在儿时的成长环境中,担任主要角色的是她的母亲。母亲是一个非常能干的人,而父亲一直在外地工作,所以在她的内心中,一直把母亲作为心目中崇拜和敬仰的对象。而她又是长女长孙,在大家族中,长辈们给她的责任会比较重,因此,她小时候就有以下两种思想,一是有母亲照顾的时候,她会过于依靠或者依赖母亲,认为在母亲面前,自己是渺小的、无力的,母亲的一切安排都是对的,所以她会听从母亲的安排,按照母亲的要求做事情(强化他人,弱化自己)。二是在弟妹面前,她会以老大的姿态教育他们,她享受他们服从自己指挥的那种感觉,而且她也认为自己要给他们做榜样、带好头,所以在学习上会不断要求自己,保持好的成绩,这样弟妹们才会更加信赖自己(强化自己,弱化他人)。

2. 同化、异化

通俗地讲,同化指变得相近或相同。

自我内化同化:指淡化他人对自己的影响,将外界经验知识对自己的作用影响内化为自己的经验,自我认定,并以自我包装后的形式表达出来;基础是害怕被边缘化而认同他人,将他人的思想、行为内化为自己的。

自我外化同化:将自己的经验知识向外推广,以影响他人,得到他人认同。如:老师教学,将自己的思想和观点转化为学生的思想和观点。

异化是对自我的否定、怀疑、不确定。表现为将自己害怕或者不认同的社会角色放大后呈现出来,采取防御性攻击或歇斯底里式的"谁让我不痛快,我就加倍让谁不痛快"的方式去做令人发指的事,如小学校门口持刀杀人者;或者害怕被忽略而形成攻击性防御,犯了错,否认自己的错而外射怪罪于他人,这个很常见,如推过于人,几乎人人都干过;或者自我否定,真实的自己则逐渐被自我封冻,模糊不清,如人格障碍患者。

自我向内异化是对自己的角色不认同,自我否定,自我角色认同失败,如抑郁症患者。自我向外异化是对他人的角色不认同,否认他人,对自己与他人、外界的关系不能正确的认知,真实的自己逐渐被自我封冻,模糊不清,从而产生人格失调,如偏执型人格。

人格里面的自我认同是造成人格平衡的一个最关键因素,如果一个人对自我不认同,对自我角色不认同,对自我角色所建立的种种关系就会不认同,这个时候他就会异化自己,他就会表现出多重自我,把自我不愿意显示出来的自我隔离起来,好像那不是他所做的事情一样,实际上他一直都在做这个事,这个就是很关键的人格异化。

人格异化会导致角色扭曲,比如说性工作者,就需要将自己异化,将自己害怕和社会不认同的角色隔离起来。你要跟性工作者去谈感情,就找错对象了,因为其把自己的角色异化了,其虽然要接受自己选择的社会化角色,但是其在内心当中把它异化了,把它隔离起来了。小偷会说自己是个小偷吗?也许他偷完东西后西装革履地出现在人海中,还表现得很绅士,这个就是异化,异化自身的问题,要求他人自我消化,如果他处理不好就会出现人格障碍。

同化异化这对概念中,正向是自我同化,淡化他人影响,同化性同化。他们经常有自己的看法,对于别人的观点持参照态度,他们有强烈的自我意识,有主见,很独立,不受他人思想的影响。很多人是自己小时候发表看法的时候,无论好坏,父母都极度赞扬认同,这样一个观念内射到潜意识里,有种天下唯我独尊的感觉。反向是异化自身问题,要求他人自我消化,自己错了,也绝不承认,要从他人身上找原因。基础是成长过程中,被忽略而形成攻击性防御人格;处于平衡的中观状态就能够做到不偏不倚,和为中道。

强化: 强化是指通过某一个事物增强某种行为的过程,经典条件反射里就是无条件刺激与条件刺激相结合,用前者强化后者。操作条件反射里,正确反应后所给予的奖励正强化和免除惩罚,叫负强化。强化和惩罚是操作条件反射的一个核心思想。任何事情都是一体两面甚至多面,人是个多面体:既有正向的,比方说加给有机体环境以刺激;也有负向的,比如说从有机体环境中取走刺激。

传说宋国养猴人狙公养了很多猴子,猴子能够完全听懂他的话,他对猴子的生活习性与语言也完全了解。由于家境开始不济,他就想限制猴子的食量,他对猴子说以后的栗子一律是"朝三暮四",猴子不同意,就改口说"朝四暮三",猴子满意(《庄子·齐物论》)。这就是朝三暮四的由来。其实都是七个,只是分配时,条件反射地给予正向的,人们宁愿要正向的。这个朝三暮四说明什么问题呢?就是说大家都喜欢正向的。你看,早上得四个多好啊,我拿到手了,这种群体性正向习性连猴子都有。那猴子的个性又是怎么来的呢?人类的很多共性里面也有动物的共性,不要觉得人和动物似乎是两个世界,其实都是在一个环境,只不过人叫高级动物,但也有动物的本性。如果是人,在分的时候大部分人会选择早上要四个,晚上要三个,较少人会说早上给我三个,晚上给四个。

正强化,比方说企业发奖金。负强化,就是你犯了什么错误,把奖金给你停掉,正惩罚跟负惩罚是一样的。弱化是强化的反向,异化就是把自己变成非己,异化的作用就是生物的分解代谢,吃下去的饭排出来的还是饭吗?不是!这就是异化的作用,分解、代谢、转化。

强化,就是主体自我和社会对主体的角色与关系高度认同,自我肯定。比方说,一个人认同自己强化的社会角色,社会对他的社会角色也非常认同。如党和国家的领袖,社会对他认同,他自己也非常认同,这个就是属于强化式强化。强化式强化不仅产生高度的自我归属感,放到国家层面,还能形成一个国家的群体对他的归属感。所以,任何时候,一个国家的领袖如果非常具有个人魅力,那么这个国家的人民归属感、凝聚力就会强。我们放到社会企业文化中来,一个企业的当家人,他的个人魅力、人格魅力、领导魅力越强,他的向心力越大,企业的凝聚力也就越强。一个家庭也是这样,大家都强化他,他自我强化,强化式强化,这就是大家高度认同。

弱化: 有时候,我们要搞清楚我们强化什么,弱化什么?为什么强化?为什么弱化?角色与关系,不能偏离这个,就是你要强化的是自己的角色,而不是角色之外的。比方说,宋朝的高俅是踢球起家的,他去强化他的踢球的本领。大家对太尉的主体是不认同的,遭到了大家的弱化。而他自己是弱化式强化,你弱化我,我要强化,我就是太尉,我有这个权力。很多人德不配位,他自己在那个位子上,别人都不认可他、不服他,他还觉得自己很厉害,觉得自己是当家的。你若不听我的,我明天就叫你走路。结果,人都走完了就剩他自己一个,你自己逗自己玩吧。

主体自我与社会对主体的关系不认同,或者是消极被动地认同,自我否定。如有的人虽然认同他人为老板,但出了公司门,就觉得老板什么也不是,这个就是弱化式异化。

同化: 主体对自我的角色身份认同,淡化客体对自己的影响,自我认定。同化就是大家一致认同这样的一种变化和结果,比方说许多人一致认同潘金莲是坏女人,但事实上呢?历史上真实的潘金莲还是非常漂亮贤惠的。为什么会遭到丑化呢?原来有个亲戚到山东潘家没有借到钱,因怨生恨,沿途散布丑化潘家小姐的信息,一直散布到四川,最后被施耐庵听到了,有鼻子有眼的山东清河县等等水浒传的素材就出来了。所以,我们同化而来的东西有时候不见得就是真实的东西,还要保持一定的警觉。

异化: 主体对自我的角色身份不认同。比方说汉奸,他不认同自己的角色身份,他出了日本人的院子就不认同自己是汉奸了,但进了那个屋子他也知道自己是汉奸,但他不认可自己是汉奸,并将自己不认可的这个社会角色放大后呈现出来自我怀疑。所以他就去问:"你说我是汉奸吗?"有人讲:"你就是一个汉奸。"那他就像泄了气的皮球一样。你看,别人都认定他是汉奸,他不认可,自己怀疑"我没做过啊,我不是汉奸",可他在日本人面前点头哈腰算什么呢?还是角色与关系!所以,不管你是弱化还是强化,同化还是异化,还是要回到角色与关系上来。

二、认知模块的十六化及对应的十六种人格模式

强化性强化（强迫型人格）

强化性强化，对应产生强迫型人格模式。强化自己也强化他人，比如对自己要求严格的人，他对别人也一样是要求严格的。

你自己如何要求自己没有问题，但非得要别人也那样做，谁的行为不符合他心目中理想的标准，他心里就不是滋味，耿耿于怀，这就容易产生强迫型人格。因为他对自己是这样要求的，他就认为你也应该这样。这个模板来自父母对孩子管教过分严厉苛刻，要求孩子严格遵守规范，绝不准自行其是。在这种环境下成长的孩子，做事过分地拘谨、小心翼翼，生怕做错事而遭到父母的惩罚。做任何事都思虑甚多，优柔寡断，便慢慢形成经常性紧张、焦虑的情绪反应。不断地强化性强化永远有效的原则和无可争议的规矩所带来的不变的安全感，通过放大强化逐渐固化为自我系统，成年后害怕改变与消逝，死守着熟悉的事物，完美谨慎，自我保护。这种人虽然感觉令人信赖，但又有节约吝啬、洁癖强势、追求向心力的行为表现，容易形成强迫型人格。

强化性弱化（偏执型人格）

强化性弱化，一个人认同自己或者自己信任喜欢的角色身份，肯定自我角色，弱化他人，看不起或者矮化他人。弱化可以和矮化画等号。对外强化自己弱化他人，对内强化自己的某一个角色，产生高度的自我认同后弱化自己的某一个角色。

强化性弱化容易产生什么人格呢？容易产生偏执型人格，总是强化自

己弱化他人！大树底下，寸草不生啊！眼中只有自己，没有他人！

为什么会有强化性弱化？偏执型人格形成的基础是什么呢？土壤是什么呢？孩子幼年不被信任，经常被拒绝，缺乏母爱，经常被指责和否定。

人格形成不是一天两天，经常被指责和否定，儿童就容易产生自卑心理，在这样一种环境中成长的孩子，不断地强化自己的不被信任、不好，弱化自己对母亲的情感，强化性弱化。然后，在与他人的正常关系中缺乏感情上和交往上有效的反馈，发展为一种对别人和整个世界都不信任的习性反应。成年后，这种人常常把他人看成是问题的根源。其实他自己是问题的根源他还不知道，偏执型人格往往是自己站在粪池之中，还要告诉别人，这里是香水池。如果你不说他是香水池，他马上就攻击你，对他人有一种敌视的心理定向，很容易产生对具体的人与事的怀疑和愤怒，而且也是常常以自我为中心。为了补偿其虚弱的自卑感，就通过设想自己的优越感，通过妄想而使自卑合理化，形成偏执型人格。

强化性同化（攻击型人格）

强化性同化就是个体不仅认同自己的角色身份，还善于在各种角色身份中转化，并能够自我认定。强化自己，同时注重自己对客体的影响。

强化自己的同时，注重自己对客体的影响，或者是对客体的观点持参照态度，淡化他人对自己的影响。

高度地自我认同，他还能听得见别人的声音吗？

对外是强化自己，同化他人或者被他人同化。强化自己就是很强势地告诉他人，你必须要接受我的观点，或者你的观点需要跟我一致，被我同化，或者说我们必须以我为主合并同类项。对内呢，就是强化自己的某一个角色，同化自己的某一个角色，不善于转换。

比如：美国和日本，强化《日美安保条约》，就是强化性同化。本来日本有日本的法律,美国有美国的法律,日本有日本的防卫大纲,美国有美国的防卫大纲,美国就讲你有你的没有关系,我们在这个基础上再搞一个安保条约出来,这就是强化性同化。

新员工进入一个新的单位,愿意主动地融入进去,很快就融入新的单位里去,叫作强化性同化。就是强迫自己认定这个角色,认同这里面的这种文化,被融化进去。

那么这种强化性同化容易产生什么人格呢?攻击型人格。

攻击型人格的矛盾在哪里呢?他在同化别人的时候,别人不认同他,不被他同化,他就很着急,他就会采取攻击的方式。

这种强化性同化的基础是什么呢?

如很多父母非常溺爱自己的孩子。很多官二代、富二代都是攻击型人格,这种孩子往往个人意识太强,个体意识一旦受到抑制,就容易还击。

还有一种是专制型家庭,儿童经常遭打骂,心里受到压抑,长期郁结于心中的不满情绪,就形成心中的某一个内在誓言,我要怎么样怎么样……一旦现实生活中达不到他同化的规则,达不到他的满意,一直在塑造的东西一旦得不到满足,他就会爆发出来,往往会选择比较激烈的行为来发泄积怨。

在这种环境中成长的孩子,心理的不健全和不成熟,经常会导致心理不平衡,不断地强化个体意识,同化他人。在成年之后,如自尊心受挫,就表现出攻击性,而且挫折越大,越可能出现攻击行为。

攻击型人格的人背后往往都非常自卑,自卑时以冲动、好斗来作为补偿的方式,他的行为就表现出较强的攻击性,这样就形成了攻击型人格。

强化性异化(癔症型人格)

强化性异化,也就是主体对自我角色身份的认同,否认他人,强化自己,异化他人,丑化他人。异化也是丑化,并把他人不被认同的角色放大后呈现出来。否认他人的理由就是,你在那里装什么装?你在那里得意什么?等等。把别人的某一点无限地放大,进行丑化、异化、隔离开来。对外呢,强化自己异化我人;对内呢,是强化自己的某一个角色,异化自己的某一个角色。

比如,有些人的要求没有得到对方很好的回应的时候,他就开始在心中否定那个人了,放大那个人负面的或者他认为对他来说不好的那一面。因此,情绪不好的时候最好少说话,因为你说多错多。为什么?当别人情绪不好,你在这说的时候,别人会放大你的这些不好,会否定你,而且搞得不好,会否定你整个人。

很多夫妻在家里面,当对方情绪不好的时候,还在那里不停地说,殊不知对方在不断地异化你,而且是异化到强化性异化了,你在他心目中还有位置吗?接下来的夜不归宿或者离婚就很正常了。因为他也要合理化自己啊。

潜意识里有一个自我审查系统,也就是说心里的审查会安然地接受这样一个现实,他的安全感就得到了放大。人往往在否定别人的时候最容易肯定自己,肯定自己的时候,他的安全感就得到了放大,那他的个人价值并没有受到损伤,反而是强化了自己,异化了他人。

强化性异化所产生的人格模式就是癔症型人格。

癔症型人格的基础就是,有些父母溺爱孩子,使孩子受到过分的保护。为什么要过度保护呢?因为他在溺爱孩子的时候就会想我自己吃过很多苦,我再也不能让孩子吃我吃过的苦了,生怕孩子受委屈,生怕孩子吃不饱、穿不暖。他是在保护孩子吗?其实他在保护自己、补偿自己。

过分保护孩子的父母在人格成长过程中的缺陷是最大的。

那些打着保护孩子、爱孩子旗号的父母,是伪善。孩子会觉得父母应该保护我,时间长了,有些孩子讲我爸妈什么都听我的,我爸妈什么都肯为我干,这不是害孩子吗?

造成孩子的这种强化性异化,强化自己,异化他人,觉得他的眼中已经没有别人了,父母对自己的爱是天经地义的事情。因此,他不知道报恩不说,还造成身体年龄与心理年龄不符,心理发展严重滞后,停留在少儿期的某个水平。

在这种环境中成长的孩子,不断地强化父母对自己的保护,异化自己,拒绝成长,心理发育的不成熟性,特别是情感过程的不成熟性,以致形成瘾症型人格。有些孩子不敢也不想挣脱父母对自己的保护,心理停留在少儿期的某个水平,长大后一旦受挫,就容易陷进失败的心境里,矮化自己。

弱化性强化(孤独型人格)

弱化性强化的主体是不认同自己的角色身份,把自己放在弱势的地位,强化对他人的依附。对外的表现是弱化自己,强化他人,如常说"我老公棒"或"我老婆棒"。对内是弱化自己的某一个角色,强化自己的某一个角色。比如,有的女人,弱化女人自我,强化妻子和母亲的角色。又如,一个得不到父母认同的孩子,在看到别人家被父母喜欢的孩子时,即产生自我弱化,强化他人,导致焦虑感和自卑感的产生!他对自己的角色身份是不认同的,弱化自我这个角色,但是他强化自己是个好人。他有弱化,有强化,有对内,有对外,阴阳一体,这种人格模式会产生孤独型人格。

孤独型人格模式的基础是什么?是儿童在依恋期(0—3岁)对父母亲拒绝的恐惧。孩子母亲出于种种原因不喜欢孩子,有的母亲甚至在怀孩子的时候就不希望孩子出生,这样的意念往往会造成这个孩子在娘胎里性格就差不多铸就一半了。所有的孩子都需要妈妈的爱护,但是每次对母亲依恋的渴望和要求都会导致心理上的痛苦,因为他得不到满足,不敢亲近,只有弱化自己。但是心理上的一个角色他反而需要强化,强化跟母亲之间的联结,跟父亲之间的联结,跟这个家的联结,那么在这种成长环境中的孩子不断地弱化依恋母亲的情感。不断地弱化自己的外在表现,不敢跟母亲一起走或跟父亲一起走,害怕看到母亲,害怕看到父亲,但是他内心中反而在强化我非常需要母亲,非常需要父亲,甚至他可以忽略掉现实生活中的父母亲,去塑造甚至自己去重置一个,把自己重置为父母亲,慢慢就形成了一个不真实的自我。

孤独型人格的心理黑洞是最大的,慢慢地形成了一个不真实的自我,为了回避、否定自我的需要,恐惧与他人接触,不断地强化自己好孩子、乖孩子独立性的一面。成年后,否认自己的情感甚至物质需要,形成回避或依恋性的孤独型人格。

弱化性弱化(巧妙妥协型人格)

弱化性弱化,主体不认同或消极认同自己和他人的角色身份,对自己和他人持怀疑态度。通过弱化他人获得安全感的满足,对外既弱化了自己也弱化了他人,就是对自己也不认同,对他人也不认同,对内高度弱化自己的某一个角色。比如,现实生活中有这样一些人,虽然我自己不行,你也好不到哪去。就像阿Q,赵老太爷打了他一下,他说你算什么,儿子打老子。这是自轻自贱、自嘲自解、自甘屈辱而又妄自尊大、自我陶醉等的种种表现,这是在失败和屈辱面前不敢正视现实,而是用虚假的胜利或虚假的物质上的满足在精神上实现自我安慰、自我麻醉。

这种人格模式是巧妙妥协型人格。

巧妙妥协型人格的基础是什么呢?是小时候对竞争的恐惧,自我认同度低。有些父母从来不给予孩子鼓励,总是在批评和指责,即使孩子表现出自己的能力,也不被父母认可,孩子常常产生强烈的无助感和敌意。这种成长环境中的孩子,他在不断地弱化自己的同时也在不断地弱化他人,为了避免失败和批评,总是回避做出决定,却对别人的决定又充满了不满和敌意。这种人你等他做出决定,难得很,你要叫他在公司会议上提意见,他总是拖到最后,或者东看看西望望,他自己不说,别人说的他总是在否定,在弱化。那么别人问他意见,他心里虽嘀嘀咕咕,但嘴上说可以,妥协嘛!为了避免失败,他们常常抱着幸灾乐祸的态度,等着别人的失败。他们缺少同情心,回避一切竞争,却总是在抱怨不公平,成年后就形成了巧妙妥协型人格。

弱化性同化(顺从型人格)

弱化性同化,是个体对自己的角色和身份不认同,或者是消极认同、被动认同。认可他人,注重他人对自我的影响,或者对他人的观点持参照态度,淡化他人对自己的影响,同化自己的某一个角色。比如:父母拗不过孩子,只有妥协,就是因为父母没办法,只有弱化自己,被孩子同化,这也是弱化性同化,这样就产生一种顺从型人格。

顺从型人格的基础是儿童对于被忽视的恐惧。一些父母完全忽视了孩子的自我确认的重要心理过程,完全不在意孩子在玩些什么游戏,对孩子的游戏不屑一顾,更不会对孩子在有些游戏中扮演的角色给予积极的反应。这种成长环境中的孩子,不断地弱化性同化自己,结果导致孩子缺乏自我认识,缺乏个性,他们总是表现出多重人格的特点,在不同的人格特征当中徘徊不定,他们总是在察言观色,看着别人的脸色行事,他们的精力总是集中在能够吸引别人的注意力和关注上,他们最怕被忽视、不被关心和关注。成年后就形成了顺从型人格。

有人认为自己有三到四种人格的组合,要把它抽离。我们说身心灵的合一,就是要把多重人格形成一个主体性格,你要强化性强化,强化一个自己认可的角色,然后强化一个被社会认可的角色。有人说以前有的被弱化了,或者说自己现在的个性同化掉了以前的,这就是转啊。

如果一个人的人格模式有太多的多面性,容易造成自己的主体人格模糊不清,也容易造成自己的个性人格形成很多的动机障碍和人格冲突。

一个人为什么会感觉有五六种人格模式呢？因为个体确实经历了这几种人格模式的生活基础，如果这种生活基础带给个体的心理碎片如此之多，在个体未来的人生道路上，每一个碎片、每一种基础、每一种人格都能够给他造成致命的影响。如果个体没有形成主体人格的话，一个模式、一个冲突都会导致他在人生的路上出现一个大弯，栽一个大跟头。那么多人格，是不是要栽那么多跟头？绝对会，会体现在亲子教育上，会体现在婚姻上，会体现在家庭上。怎么办呢？只有做人格模式的修正与调整。怎么修正？怎么调整？清理碎片，改变模板，强化主体。

不修正就会恶性循环不断，你遇到的人只不过是换一个人来犯你以前的同样的错误，你遇到的事只不过是变了另外一种方式来完成你的人格冲突后的结局。

弱化性异化（分裂型人格）

主体对自己的角色身份不认同，把自己放在一个弱者的地位。对自己弱化首先有一个主次关系，弱化自己，异化他人，把自己放在一个弱者的地位，同时否定怀疑他人，并把他人不被认同的社会角色放大后呈现出来。对外是弱化自己，异化他人；对内是弱化自己的某一个角色，异化自己的某一个角色。

比方说，有一个自卑的男人对他妻子讲："你并不是真的爱我。"并坚信他说的是真理。事实上他与妻子并没有沟通，真实的情况不是这样。这个男人可能自己早就不爱妻子了，这个男人弱化自己、异化他妻子，产生的这个人格模式就是分裂型人格。

分裂型人格的基础是什么呢？是儿童害怕失去自我归属感。父母经常打骂、批评孩子，孩子得不到父母的爱，孩子就会觉得自己毫无价值，在这种成长环境中的孩子，不断地弱化自己对父母身体和情感的需要，异化自己，进而逃避与其他人和事的接触。成年后害怕与他人亲近,喜欢自给自足的独立生活,冷漠、孤僻、敏感、猜疑、自信、矜持、喜怒无常,过度地把自己藏起来,过度地划定自我界限,喜欢自转,害怕公转,个性自我与外在角色不能事例为一,以致形成了分裂型人格。分裂型人格有没有攻击型人格的影子?有。分裂型里面还有攻击性、强迫性、抑郁性等等,区别只不过是哪一个占主体。

异化性强化(忧郁型人格)

异化性强化是一个人否定、怀疑自己的角色身份。首先异化、否定自己的角色身份,并把不认同的社会角色放大后呈现出来,高度认同他人。

异化性强化对外是异化自己,强化他人;对内是异化自己的某一个角色,强化自己的某一个角色。由此产生的人格模式是忧郁型人格。

忧郁型人格的基础是什么呢?源于所有儿时被抛弃、被边缘化的恐惧。如果有这样的恐惧记忆,长大以后就会有忧郁型人格的特质。父母完全忽视了孩子的需要,这种孩子严重地缺乏安全感。他们不断地异化自我,为了引起父母的关注、认同,按照自己想象的父母对自己的要求不断地强化塑造自己,增强自己的安全感以及增加父母对自己的责任感。在这种成长环境中孩子想追求刺激多变,又害怕风险,害怕分离与寂寞,百般地依赖他人,成年以后就形成了忧郁型人格。

异化性弱化(依恋型人格)

当你怀疑自己的角色身份,不认同他人的角色身份,看不起或矮化他人的时候,你在心里告诉自己,这就是异化性弱化。再告诉自己,这里有依恋型人格的特质。

比方说某演员在演了《霸王别姬》后,很长一段时间把自己的角色异化为影片中的那个角色,他已经不认同他本来的角色了,也就是弱化了自己的角色身份。

异化性弱化、依恋型人格的基础是什么呢?是在依恋期被遗弃所导致的恐惧,缺乏自我归属感。母亲有时候能满足孩子的依恋需要,有时候不能满足孩子的依恋需要,孩子的依恋需要不能得到稳定的满足,也就不能建立起稳定的安全感,因而形成了他对母亲的爱和恨。这种成长环境中的孩子不断地异化自己对母亲的情感,弱化自己的依恋需求。但在成年之后,他们对依恋的需要始终存在,形成了依恋型人格。农村6000万的留守儿童,城市的单亲家庭孩子,以及很多在没有建立起主体健康人格的情况下就成了妈妈的90后女孩,他们的人格都是急需发展健全的。

异化性同化(反社会型人格)

公交车中泼汽油的,昆明拎刀杀人的,蹿入幼儿园里杀孩子的,这些都是反社会型人格。为什么他会反社会呢?因为他否定、怀疑自己的角色身份,淡化他人对自己的影响。比方说某同学在举手表决时,虽然有不同观点,但是他迫于无奈举手了,但内心的他会告诉自己,我是保留自己的意见的,虽然我举手了,异化了自己的意见,被他人同化。人家讲你不也举手了吗,她不承认,她说我举手我自己是不认可的。

其基础首先是在儿童时有对被抛弃、被忽视的恐惧。儿时父母对孩子冷淡,情感上疏远,这就使儿童不可能发展人与人之间的温驯、热情和亲密无间的关系,因为我们跟别人的关系都是跟父母关系的再现和翻版,我们会把父母跟我们互动的关系模式放大到社会当中去。随后,儿童虽然形式上学习了社会当中的某些要求,但对他人的情感移入得不到应有的发展,以致产生异化性同化。其二,父母的行为或父母对孩子的要求缺乏一致性,父母表现得朝三暮四,善恶、喜怒出现得无定规,使得孩子无所适从,经常缺乏可效仿的榜样,儿童就不可能具有明确的自我同一性。这种成长环境中的孩子由于没有参照模板,形成无条件、无原则的对坏人和对同伙的引诱缺乏抵抗力,对过错缺乏内疚心,表现出冲动和无法自制某些意愿及欲望等现象。成年后无法确认自我,出现角色模糊、关系不清,以致情绪不稳定,不负责任,撒谎,欺骗,但又泰然而无动于衷,这样的人最容易形成反社会型人格。

所以,我们说"家庭为人格之母"。

异化性异化(回避型人格)

否定和怀疑自己与他人的角色身份,对外既异化自己,也异化他人,对内特别异化自己的某一个角色。比方说,性工作者,需要异化自己的角色,接受自己选择的社会化角色,但是内心当中把她害怕和社会不认同的角色给异化了,她觉得我还是个好女人,我是没办法,那个外在角色似乎跟她无关。这样就形成了双重人格,到最后产生的人格模式就是回避型人格。

有着回避型人格的玛丽莲·梦露从小有对依恋的需求和对被遗弃的恐惧,同时她又有对独立的需求和对被控制的恐惧。内心当中深深的恐惧损伤了梦露。这个恐惧到底有没有呢? 其实是自己心上造境放大妄想而成。梦露如果把童年带给她的恐惧修正、校正,相信她不会三十多岁就离开人世。三四十岁正是女人美丽成熟的时候。

如果一个母亲在孩子的依恋期不能满足他对母亲的依恋要求,又在孩子的探索期过分地呵护孩子,生怕孩子出现意外而过多地限制孩子的行动,关闭了孩子通往外面精彩世界之路,这种成长环境中的孩子会不断异化自己对母亲依恋的情感,同时异化自己不被母亲控制的需求。成人以后,他既需要满足依恋的需求,又需要满足不被控制的需求,逐步形成了回避型人格的花花公子类型。

同化性同化(追求型人格)

一个人认同他人与自己的角色和关系,注重他人对自己的影响,对别人的观点持参照态度,或者淡化他人对自己的影响,自我认定。对外,同化自己,也同化他人或者被他人同化。对内,同化再同化自己的某一角色。

比方说,老师教学,老师先要将外界的经验知识内化为自己的知识经验,然后通过各种教学方式传授给学生,学生接受老师的思想和观念,这是老师同化了自己也同化了学生。如果其中有同学提出不同的见解,老师认同学生的意见,就是老师同化了自己然后又被学生同化,这就产生了追求型人格模式。

追求型人格的基础是什么呢？儿童在依恋和探索期对失去的恐惧,孩子的父母总是鼓励甚至强迫孩子过早地进入探索和独立阶段,而忽视了孩子在离开父母之后又要回来以确认安全感的心理需要,使孩子在片刻的探险之后常常得不到父母的情感支持,从而破坏了孩子的安全感。这种成长环境中的孩子,总是压抑自己的需要,不断地按照父母的标准同化性同化自己,他们惧怕被抛弃,很少抱怨生气,总是努力地抑制自己的不快乐,习惯看别人的眼色,生怕对方不高兴,成年后形成了追求型人格。

同化性异化(强迫性竞争型人格)

一个人认同自己的角色身份,注重自己对他人的影响,对别人的观点持参照态度,自我认定,否定怀疑他人的角色身份,对外同化自己、异化他人。

强迫性竞争型人格的基础来源是儿童时对失败的恐惧。

我们讲基础,这个基础也可以延长,如果二三十岁了,你的基础还在,说明你还在基础内,没有进行基础上的挖掘与更新,所以很多人在重复、转圈。

重复什么？转圈什么？他不就在重复这些模式吗？在这些模板上重复转圈吗？

他哪来的自我呢？哪来的自我更新？哪来的自我再造呢？

孩子在进行自我能力的确定时，如果父母的鼓励和赞扬不容易得到，孩子就永远感到不够好，于是不断在追求成功和赞扬。这种成长环境中的孩子，面对父母不要失败、不要犯错误、追求完美的要求，不断地同化自己，同时又异化自己，使他们不能面对失败，只有在不断的竞争中不断获胜，才能维持他们脆弱的自尊心和自信心，成年后就形成了强迫性竞争型人格。

同化性强化（自恋型人格）

自恋型人格的基础是什么？就是童年时受到过多的关注和无原则的夸奖、赞赏，同时又很少承担责任，很少受到批评与挫折。他犯的错误父母揽过去了，他做的激进的事情被父母赞赏，产生对自我价值感的夸大和缺乏对他人的共感性，认知上就会同化性强化。无根据地夸大自己的成就和才干，认为自己应当被视作特殊人才，认为自己的想法是独特的，只有特殊人物才能理解，他们稍不如意就又体会到自我无价值感，他们不能理解别人的细微感情，缺乏将心比心的共感性。因此，人际关系经常出现问题，形成自恋型人格。

同化性弱化（古板型人格）

古板型人格的基础是儿童时对羞辱的恐惧，父母在孩子的自我确认时期扭曲孩子的意愿，在这个时候，孩子在扮演各种角色的游戏里寻求自我，形成自我。很多父母对那些孩子表现出来的不符合自己期待和要求的行为特点和性格特点，给予批评、拒绝、压制和惩罚。这种成长环境中的孩子，就用受到父母和社会赞同和强化的部分不断地来同化自己,同时不断弱化受到父母和社会否定而被压抑的部分,孩子形成一个单一的片面的人格,不再是拥有完整自我的人。

成年后,他会本能地对自己的阴暗面感到羞耻,甚至否定它的存在,他会努力地压抑自己所谓坏的一面,表现自己所谓好的一面,并将它作为自己唯一的自我形象固定下来,形成古板型人格。

交流分享

《红楼梦》中的人格模式赏析(引文选自人民文学出版社2008年第3版《红楼梦》)

宝玉早已看见多了一个姊妹,便料定是林姑妈之女,忙来作揖。厮见毕归坐,细看形容,与众各别:

两弯似蹙胃烟眉,一双似喜非喜含情目。态生两靥之愁,娇袭一身之病。泪光点点,娇喘微微。闲静时如姣花照水,行动处似弱柳扶风。心较比干多一窍,病如西子胜三分。

宝玉看罢,因笑道:"这个妹妹我曾见过的。"贾母笑道:"可又是胡说,你又何曾见过他?"

宝玉笑道:"虽然未曾见过他,然我看着面善,心里就算是旧相识,今日只作远别重逢,亦未为不可。"(同化性同化,追求型人格)

一语未了,忽听外面人说:"林姑娘来了。"话犹未了,林黛玉已摇摇的走了进来。一见了宝玉,便笑道:"嗳哟,我来的不巧了!"(异化性异化,回避型人格)宝玉等忙起身笑让坐,宝钗因笑道:"这话怎么说?"黛玉笑道:"早知他来,我就不来了。"宝钗道:"我更不解这意。"黛玉笑道:"要来一群都来,要不来一个也不来,今儿他来了,明儿我再来,如此间错开了来着,岂不天天有

人来了？也不至于太冷落，也不至于太热闹了。姐姐如何反不解这意思？"（同化性强化，自恋型人格）

宝玉因见他外面罩着大红羽缎对衿褂子，因问："下雪了么？"地下婆娘们道："下了这半日雪珠儿了。"宝玉道："取了我的斗篷来不曾？"黛玉便道："是不是，我来了他就该去了。"（强化性异化，癔症型人格）宝玉笑道："我多早晚儿说要去了？不过拿来预备着。"

……

可巧黛玉的小丫鬟雪雁走来与黛玉送小手炉，黛玉因含笑问他："谁叫你送来的？难为他费心，那里就冷死了我！"（弱化性强化，孤独型人格）雪雁道："紫鹃姐姐怕姑娘冷，使我送来的。"黛玉一面接了，抱在怀中，笑道："也亏你倒听他的话。我平日和你说的，全当耳旁风；怎么他说了你就依，比圣旨还快些！"（弱化性异化，分裂型人格）……薛姨妈因道："你素日身子弱，禁不得冷的，他们记挂着你倒不好？"黛玉笑道："姨妈不知道。幸亏是姨妈这里，倘或在别人家，人家岂不恼？好说就看的人家连个手炉也没有，巴巴的从家里送个来。不说丫鬟们太小心过馀，还只当我素日是这等轻狂惯了呢。"（异化性异化，回避型人格）薛姨妈道："你这个多心的，有这样想，我就没这样心。"

不料自己未张口，只见黛玉先说道："你又来作什么？横竖如今有人和你顽，比我又会念，又会作，又会写，又会说笑，又怕你生气拉了你去，你又作什么来？死活凭我去罢了！"（强化性异化，癔症型人格）（强化性异化在林黛玉身上显示最多。）

宝玉听了，忙上来悄悄的说道："你这么个明白人，难道连'亲不间疏，先不僭后'也不知道？我虽糊涂，却明白这两句话。头一件，咱们是姑舅姊妹，宝姐姐是两姨姊妹，论亲戚，他比你疏。第二件，你先来，咱们两个一桌吃，一床睡，长的这么大了，他是才来的，岂有个为他疏你的？"林黛玉啐道：

"我难道为叫你疏远他？我成了个什么人了呢！我为的是我的心。"（强化性同化，攻击型人格）宝玉道："我也为的是我的心，难道你就知你的心，不知我的心不成？"

林黛玉便入房中看时，原来是李宫裁、凤姐、宝钗都在这里呢，一见他进来都笑道："这不又来了一个。"林黛玉笑道："今儿齐全，谁下帖子请来的？"凤姐道："前儿我打发了丫头送了两瓶茶叶去，你往那去了？"

……

林黛玉听了笑道："你们听听，这是吃了他们家一点子茶叶，就来使唤人了。"凤姐笑道："倒求你，你倒说这些闲话，吃茶吃水的。你既吃了我们家的茶，怎么还不给我们家作媳妇？"众人听了一齐都笑起来。林黛玉红了脸，一声儿不言语，便回过头去了。李宫裁笑向宝钗道："真真我们二婶子的诙谐是好的。"林黛玉道："什么诙谐，不过是贫嘴贱舌讨人厌罢了。"说着便啐了一口。（异化性异化，回避型人格）凤姐笑道："你别作梦！你给我们家作了媳妇，少什么？"指宝玉道："你瞧瞧，人物儿、门第配不上，根基配不上，家私配不上？那一点还玷辱了谁呢？"

宝玉听他提出"金玉"二字来，不觉心动疑猜，便说道："除了别人说什么金什么玉，我心里要有这个想头，天诛地灭，万世不得人身！"林黛玉听他这话，便知他心里动了疑，忙又笑道："好没意思，白白的说什么誓？管你什么金什么玉的呢！"宝玉道："我心里的事也难对你说，日后自然明白。除了老太太、老爷、太太这三个人，第四个就是妹妹了。要有第五个人，我也说个誓。"（强化性强化，强迫型人格）林黛玉道："你也不用说誓，我很知道你心里有'妹妹'，但只是见了'姐姐'，就把'妹妹'忘了。"（强化性异化，癔症型人格）宝玉道："那是你多心，我再不的。"

宝钗见他怔了,自己倒不好意思的,丢下串子,回身才要走,只见林黛玉蹬着门槛子,嘴里咬着手帕子笑呢。宝钗道:"你又禁不得风吹,怎么又站在那风口里?"林黛玉笑道:"何曾不是在屋里的,只因听见天上一声叫唤,出来瞧了瞧,原来是个呆雁。"薛宝钗道:"呆雁在那里呢?我也瞧一瞧?"林黛玉道:"我才出来,他就'忒儿'一声飞走了。"口里说着,将手里的帕子一甩,向宝玉脸上甩来。宝玉不妨,正打在眼上,"嗳哟"了一声。宝玉正自发怔,黛玉将手帕子甩了过来,正碰在眼睛上,倒唬了一跳,问是谁。黛玉摇着头笑道:"不敢,是我失了手。因为宝姐姐要看呆雁,我比给他看,不想失了手。"宝玉揉着眼睛,待要说什么,又不好说的。

"你也不用哄我,从今以后,我也不敢亲近二爷,二爷也全当我去了。"宝玉听了笑道:"你往那去呢?"林黛玉道:"我回家去。"宝玉笑道:"我跟了你去。"林黛玉道:"我死了呢?"(弱化性弱化,巧妙妥协型人格)宝玉道:"你死了,我做和尚!"(弱化性同化,顺从型人格)林黛玉一闻此言,登时将脸放下来,问道:"想是你要死了,胡说些什么!你家到有几个亲姐姐亲妹妹呢,明儿都死了,你几个身子去作和尚?明儿我倒把这话告诉别人去评评。"

林黛玉道:"你死了倒不值什么,只是丢下了什么金,又是什么麒麟,可怎么样呢?"(异化性强化,忧郁型人格)一句话又把宝玉说急了,赶紧上来问道:"你还说这话,到底是咒我还是气我呢?"林黛玉见问,方想起前日的事来,遂自悔自己又说造次了,忙笑道:"你别着急,我原说错了。这有什么的,筋都暴起来,急的一脸汗。"一面说,一面禁不住近前伸手替他拭面上的汗。(同化性同化,追求型人格)

宝玉瞅了半天,方说道"你放心"三字。林黛玉听了,怔了半天,方说道:"我有什么不放心的?我不明白这话。你倒说说怎么放心不放心?"

妙玉道："这是俗器？不是我说狂话，只怕你家里未必找的出这么一个俗器来呢。"宝玉笑道："俗说'随乡入乡'，到了你这里，自然把那金玉珠宝一概贬为俗器了。"妙玉听如此说，十分欢喜，遂又寻出一只九曲十环一百二十节蟠虬整雕竹根的一个大出来，笑道："就剩了这一个，你可吃的了这一海？"宝玉喜的忙道："吃的了。"妙玉笑道："你虽吃的了，也没这些茶糟蹋。岂不闻'一杯为品，二杯即是解渴的蠢物，三杯便是饮牛饮骡了'。你吃这一海便成什么？"说的宝钗、黛玉、宝玉都笑了。妙玉执壶，只向海内斟了约有一杯。宝玉细细吃了，果觉轻浮无比，赏赞不绝。妙玉正色道："你这遭吃的茶是托他两个福，独你来了，我是不给你吃的。"宝玉笑道："我深知道的，我也不领你的情，只谢他二人便是了。"（同化性同化，追求型人格）妙玉听了，方说："这话明白。"

赵姨娘气的问道："谁叫你拉扯别人去了？（异化性同化，反社会型人格）你不当家我也不来问你。你如今现说一是一，说二是二。如今你舅舅死了，你多给了二三十两银子，难道太太就不依你？分明太太是好太太，都是你们尖酸刻薄，可惜太太有恩无处使。（异化性同化，反社会型人格）姑娘放心，这也使不着你的银子。明儿等出了阁，我还想你额外照看赵家呢。如今没有长羽毛，就忘了根本，只拣高枝儿飞去了！"

凤姐赔笑道："我不过是奉太太的命来，妹妹别错怪我。何必生气。"因命丫鬟们快快关上。

平儿丰儿等忙着替待书等关的关，收的收。探春道："我的东西倒许你们搜阅；要想搜我的丫头，这却不能。我原比众人歹毒，凡丫头所有的东西我都知道，都在我这里间收着，一针一线他们也没的收藏，要搜所以只来搜我。（强化性强化，强迫型人格）你们不依，只管去回太太，只说我违背了太太，（每一句话都有人格模式在里面，听话听音）该怎么处治，我去自领。你们别忙,自然连你们抄的日子有呢!你们今日早起不曾议论甄家,自己家里好好的抄家,果然今日真抄了。咱们也渐渐的来了。可知这样大族人家,若从外头杀来,一时是杀不死的,这是古人曾说的'百足之虫,死而不僵',必须先从家里自杀自灭起来,才能一败涂地!"说着,不觉流下泪来。(同化性弱化,古板型人格)

问答录

问:如何理解认知"四化"的组合?相同与不同点是什么?

答:同化和强化的相同点都是认可、接受自己或对方的观点、行为等,或为达到一定目标、目的。

区别是同化经常有自己的看法,对别人的观点持参照态度,而强化的目的是为了全部接受(或排除)自己和别人的观念、行为等。同化性同化、异化性异化在某些部分和强化的概念有重合的部分,不断的、重复的同化就是强化,不断的、重复的异化也叫强化,就叫强化性同化或强化性异化。

当然,强化性同化或弱化性异化不能等同于同化性同化或异化性异化。

异化和弱化的相同点都是对自己和别人的不接纳和回避。

区别是弱化的前提是意识到自己的不对或矛盾,但或多或少可以容忍,而异化是直接不承认、不接纳自己或别人,采取隔离、回避甚至防御性攻击的方式和手段来保护自己的假我的存在。在强度上也有较大的差异。

强化性弱化是强化自己,弱化他人;弱化性强化是弱化自己,强化他人,这个有个先后。

个体都在先,他人都在后,人我人我,我人我人,如果一个人总是人我,那主谓语就有变化了。

如果总是他人在前你在后,那就是强化他人,弱化自己;如果先考虑自己的事再考虑他人,先看自己再看他人,那就是强化自己,弱化或者异化他人。

同化效应也很多。有时候我们不自觉地被同化,被观念、意识形态所同化,被他人所同化,同时我们又去同化他人。这时候所产生的情感的需要与价值通过角色的同化或关系的同化体现在身体和情绪上。

如在袁绍跟曹操争夺北方老大地位的官渡之战中,袁绍手下有个叫许攸的谋士,他给袁绍出谋划策,袁绍对许攸表现出一副爱搭不理、有你不多、没你不少的态度,许攸得不到重用,伤了自尊,便投奔了曹操。曹操如鱼得水,结果袁绍大败于曹操。袁绍是异化性同化,袁绍表面上不能听进许攸的话,但是从内心里觉得许攸是有才的,但为什么表现出有你不多、没你不少、爱搭不理的态度呢?实际上他在强化自己的安全联结,就是"我是老大",我如果过分因为你的才干、聪明才智而表现对你的尊重,我就不像老大,因此首先在人格上把对方异化,这叫异化性同化,首先把你异化,我不认同你这个人,但我还是欣赏你,赞同你的某些观点。这里的异化性同化是针对一个人的不同方面,或者对同一对象的先异化再同化。同化性同化是既认同这个人,又赞同这人的观点,刘备和诸葛亮就可以一起合作干事。这里的同化性同化是针对一个人的不同方面,同化性同化还有同化自己和他人的角度。

通过人格认知模块的同化,就可以知道彼此之间是因为什么而联结的。比如说我们强化我们俩是一个圈子,这叫强化性同化,弱化性同化就是我们结成同盟,我们是哥们,我们一起投票,结果你第二天故意拉肚子没来,这就是弱化性同化。就是表面上承认我跟你是一伙的,实际上不是一伙的,把同盟的关系弱化了。

强化性同化有四种观察角度:强化自己同化他人,强化他人同化自己,强化自己的某一方面同化自己另一方面,也可以是对同一对象的先强化再同化的过程。

弱化性同化也有四种观察角度:弱化自己同化他人,弱化他人同化自己,弱化自己的某一方面同化自己的另一方面,也可以是对同一对象的先弱化再同化的过程。

强化、弱化、同化、异化的不仅可以是人,也可以是物、风景、环境、习俗、语言、服装等。

问:为什么认知模块里是角色与关系?

答:模式是习得而成的,模板是模仿而来的,是习性的传承。

认知,可理解为认识、知道,认识得清楚,才知道得明白。

认知要清楚,肯定要有一个角色,不管做什么,在认知上都有一个角色。有主客就有关系,所以认知要清楚角色、明白关系。

你看人家,人家看你,彼此之间是什么身份?主客体到底形成一种什么关系?观者与被观者之间是角色与关系的互动方式,观察者和被观察者是观察和被观察的关系。我们从认知上要清楚明白,人与宇宙、人与自然、人与社会、人与人都活在一种关系中,要想明白这种关系,必先清楚自己的角色,不清楚角色,就不能处理好这种关系,就不能明白这些关系背后的玄机。化繁为简,就是要清楚角色,明白关系,就是要认识清楚。

怎么样认识?就是要认识自己的角色。就像唱戏一样,一个跑龙套的,跑去唱主角,能行吗?这不就越位、错位了吗?角色错位,关系就错配,关系就被扭曲了。

认知模块里面所有的十六化都离不开角色与关系。角色为什么错位,因为它带有情感,搞清楚了角色与关系,情感就很容易归位了。

问:认知、情感、情绪、身体四大模块之间的关系是什么?

答:认知模块里面的角色与关系和情感模块、情绪模块、身体模块是一个一,不是四的关系,是一个整体,不是分开的四。就是说触动了某一块,其他的三块都是联动的,不能人为地把它分割,为了让大家使用方便,才做出了这样一个划分。就像人一样,你能把五官、五脏搞清楚,但是你能把五官、五脏分割开来吗？不能，那这个人就活不成了。理论上说春应该是四季的开始，生应该是一生的开始，但是从本质上说春夏秋冬也好，生老病死也好，都是循环的系统，是无头无尾的，春可以作为头，夏也可以作为头……具体到人格模式图呢，看上去人格模块里的认知模块或许相当于"春天"，因为其他三个模块似乎都是这个"春天"派生出来的。但事实并非如此。这四个模块其实是无所谓谁是第一，谁是第二的。因为每个模块都可以作为"春天"，其中一个模块有问题了，其他三个模块几乎会同时出现问题。可以从四个模块中的任何一个模块去感受、去分析，从而搞清楚这个模块以及其他三个模块。至于到底是认知模块的问题导致了其他模块的问题，还是其他模块的问题导致了认知模块的问题，这就好比是在问，到底是夜晚的存在导致了白天的存在，还是白天的存在导致了夜晚的存在，或者是在问世界上到底是先有蛋还是先有鸡。

情感模块

一、一体二元三观四位（内隐部分）

情感模块是内隐部分。情感在认识、认可、认同的角色关系中产生联结与认同，自我认同度高，自我归属感强，有高度自信，对信息的解读就会比较客观，就会有被需要、有价值的情感隐藏于内，这属于情感的阳面，产生情感的移位、归位。相反就是不认识、不认可、不愿意认同，那么这个角色关系就不会产生联结，自我认同度不高，自我归属感不强，自卑，对信息的解读就会比较主观，这就是情感上的排斥，就会有不被需要、没有价值的情感隐藏于内，属于情感的阴面，产生情感的错位、转位。

情感里的需要与价值，离不开生存安全感的需要被满足和爱的需求及价值认可被满足。情感里一个是真实的需求，跟内在的真实的自己联结、跟自然对应的需求。另外一个是虚妄的需求，想要被外在认可发现的假自体的需求。这个需求与认知里的角色与关系的不对应相关联，与内在的真实的需求相去甚远。这种被变相满足的需求、未被满足的需求、按照外在的价值标准没有达到的要求会形成痛点，会产生七种情志的心理感受，这些感受附着在个体所经历的这些事情上，成为要么矮化自己、要么让自己膨胀的价值驱动力。

"色"的需要与价值：人类因为有"色"，所以才会五彩斑斓。"色"的内在需要是，物质需要释放，需要组合。组合与分离时的需要与价值，也被赋予了很多社会性的东西。

人类在情感需求当中，会产生三种情感：

自以为是的情感：我们与外在的互动当中带着很多的观念，带着很多的概念，带着很多的意念，然后在这些概念、观念、意念当中刻舟求剑，因妄生幻，自我共情，最后形成了自以为是和单向合理化的情感模式。

这种自以为是而内生的情感，并不是我们真实需要的情感，并不是有价值的值得去经历的情感，却是需要把它淡化并且隔离掉的，一旦生起即转即觉，即觉即转。

相互交流的情感：共生性情感，先角色共生，然后情境共生，进而产生情感的共鸣。通过情感共生共鸣，颠覆固化的观念，破碎掉老化的意念，松动僵化的概念，自以为是的情感就变得自惭形秽了。

相互交融的情感：两心融入的一种情感。双方不光是看得见，还能够去满足，并相互赋予价值感，而且还能够在赋予期望的价值感的基础上再提升它的价值感，产生思想认知上的共振。

感情多半放在心里。情感模块是结构，是底片，是需要和价值是否被满足的最深记忆。

心智一体：内阻力、内抗力、内应力、内动力、内张力等情感动力能够记录、储存及形成经个体过滤、放大、缩小、掩盖、替换的个体需要与价值满足的经历、经验、信念等。

阴阳二元：非此即彼、非好即坏、非左即右、非敌即友。

三观恒通：主观、客观、中观。

错位、移位、转位、归位——四位联动：强化性错位（如角色重置）；弱化性错位；同化性错位；异化性错位（如角色倒置）；强化性移位；弱化性转位；

同化性转位;异化性转位;强化性转位;弱化性移位;同化性移位;异化性移位;强化性归位;弱化性归位;同化性归位;异化性归位。

错位:一般指离开原来的或应有的位置。个体不认识、不认可、不愿意认同本我角色身份,也就不会与这个角色产生安全关系的联结及价值认同。通过自我塑造并与自我塑造的角色产生安全关系联结及价值认可,感情植入后,进行情感表达,产生错位。

情感的表达、角色的身份认同都与自我塑造有关。角色错位多数是与童年习得并且经过自我同化后偏离本我的角色所产生的错位。如女生男性化、男生女性化等;去说与去做一些自己不觉得、他人不认可的与角色身份不合的话与事等。

这些现象也可以运用生态学的"耐度定律"来表明,一个生物能够出现并且能生存下来,必须要依赖于一种复杂条件的全盘存在,如果其中的一种因子超过它的耐度就可以使这种生物消亡或灭绝。同时,生态学"乘补原理"证明,当系统整体功能失调时,系统中的某些成分会乘机膨胀成为主导成分,使系统畸变,有些成分则能自动补偿或替代系统的原有功能,使整体功能趋于稳定。著名的格乌斯法则已经证明了这一现象。

移位:也称易位。个体在认识、认可、认同的角色关系中产生安全联结与价值认同,通过共情的方式,将他人的感情移入后,进行情感表达,产生移位。

"将心比心"在心理学上叫"感情移入";角色换位,又称为"心理移位",如此,则可以让自己体验对方的情感,有利于理解别人,有利于遏制不良心理状态的蔓延。所谓移位,换句话说是一种情绪、情感的陪伴,没有谁能真正理解、体验到另一个人的内心。

转位：上下位置颠倒或者转动。个体不认识、不认可、不愿意认同本我角色身份，也就不会与这个角色产生安全关系的联结及价值认同，与之相匹配的情感就会被压抑到潜意识，通过向内攻击或向外攻击的方式转移，进行情感表达，产生转位。

所谓"身体的病，心理的症"，所有被意识禁止的感觉或欲望压抑到潜意识里，如果没有合理的对话和宣泄，它们便会不断努力地以各种方式穿戴一些方便的伪装，如梦、语误、消沉感，或以症状的形式回到意识里和身体上来。所有的人格障碍都来自于潜意识和意识间的冲突。如水库（潜意识）蓄水超过警戒线就会破堤坝，即使没有到破堤的阶段，也会因为内在的压力而使得内在破坏力增加，水质变坏。而意识（闸门）的功用就是科学泄洪，适时合理调节。

所有集中在最初感觉的"情绪"能受到潜意识心理的抑制。突然地，它冲破这个"关卡"，以某种较不易认得的形式表现出来，它出现在个人的肉体生命里。如：一个男孩子第一次远离家门上学，一到达学校就患起重病来了。一个男人身体向来很健康，但受到想在办公室里出人头地的冲动驱策，突然得了溃疡倒下来了。

潜意识欲望被抑制表达时，"转位"是让它能够如愿以偿的方式之一。它转移自己变成一个身体的病症了，所以，我们务必重视由病而心的观察。

归位：回归到本来的位置。个体在认识、认可、认同的角色关系中产生安全联结与价值认同，通过自我角色的认知与塑造，表达与之相匹配的情感，使得身心灵三位一体，性命双修，内外兼修，生命走向圆满。

西尔斯用自己的研究材料证明，每一个阶段的发展都与原始动机系统（如依赖、喂养、排泄、性、进攻）和社会因素（如父母的态度、文化教养、社会地位）有关，而发展的重要方面是辨别游戏、运动、推理和良心。行为的变化可以归纳为生理成熟、社会文化教养和期望的结合。

个体通过平衡而不断发展、内外因相互作用这一过程,使机体的生长与个体对物体做出动作中的练习和获得经验的作用得到强化。通过自我角色的认知与塑造,通过自我与社会上的相互作用和社会传递主体内部存在的机制来促进心理定向性的发展达到平衡。

埃里克森认为与生物的、先天素质一起作为合力,影响人格发展的因素是物质的、社会文化和思想的环境。个体的发展也常依赖于某些偶然的机遇,发展是必然与偶然的统一。

二、情感模块的十六化及对应的十六种人格模式

强化性错位(癔症型人格)

个体对自我塑造的角色身份产生高度认同,并与其产生安全关系联结及价值认可,感情植入后,进行情感表达,产生强化性错位。比如:有些家庭父亲早逝,长子往往承担起父亲的角色,不断地去强化自己所赋予的那个角色是责任,从而忽略和迷失了自我角色的成长,产生强化性错位。

所对应的人格模式:癔症型人格。

癔症型人格最主要的情感表现:变化无常,激情失衡等。

弱化性错位(分裂型人格)

个体对自我塑造的角色身份产生不认同或者是消极被动认同,就不会与其产生安全关系联结及价值认可,感情植入后,进行情感表达,产生弱化性错位。比如有些人去说或者是去做他人不认可的、与角色身份不匹配的话与事等,属于弱化性错位。

所对应的人格模式:分裂型人格。

分裂型人格最主要的情感表现：他们逃避与父母身体和情感的接触，进而逃避与其他人和事的接触等。

同化性错位（强迫竞争型人格）

个体对自我塑造的角色身份产生认同，同时淡化其对本我角色的影响，并与其产生安全关系联结及价值认可，感情植入后，进行情感表达，产生同化性错位。比如，现在有年轻人中性化、女生男性化、男生女性化等现象，这就属于同化性错位。

所对应的人格模式：强迫竞争型人格。

强迫竞争型人格最主要的情感表现：他们不能面对失败，成功使他们自大，而失败则使他们自卑和抑郁等。

异化性错位（回避型人格）

个体对自我塑造的角色身份不认同，并将不认同的社会角色放大后呈现出来，与其产生安全关系联结及价值认可，感情植入后，进行情感表达，产生异化性错位。如有些人反向塑造，自己做了自己的父亲或母亲，真实的父母亲被弱化甚至被异化等，就属于异化性错位。

所对应的人格模式：回避型人格。

回避型人格最主要的情感表现：在人际关系中，他们无论是身体还是情感都与他人疏远。

强化性移位（偏执型人格）

个体对自我与客体角色身份认同，并与其产生安全关系联结及价值认同,通过将自己移入他人的角色环境,进行情感表达,产生自我与塑造的那个假我角色共情,产生强化性移位。比如看到他人在工作中出了问题,他会马上将自己介入替换他人角色进行思考,从而嘲笑或责难他人,这属于强化性移位。

所对应的人格模式:偏执型人格。

偏执型人格最主要的情感表现:常常把别人看成是问题的根源,对别人有一种"敌视心理定向",很容易产生对具体的人和事的怀疑与愤怒,且常常以自我为中心。

弱化性移位（巧妙妥协型人格）

个体对自我与客体角色身份不认同或者消极被动认同,就不会与其产生安全关系联结及价值认同,通过共情的方式,将他人的感情移入后,进行情感表达,产生弱化性移位。

所对应的人格模式:巧妙妥协型人格。

巧妙妥协型人格最主要的情感表现:喜欢当面奉承,但在背后说别人的坏话,或用手段贬低和破坏别人的名声和形象,使别人痛苦而从不自责。

同化性移位（古板型人格）

个体对自我与客体角色身份认同,同时淡化客体对自我的影响,并与其产生安全关系联结及价值认同,通过与他人共情的方式,将他人的感情移入后,进行情感表达,产生同化性移位。

所对应的人格模式:古板型人格。

古板型人格最主要的情感表现:表现自己的所谓"好的"一面,并将它作为自己唯一的自我形象固定下来。

异化性移位(依恋型人格)

个体对自我与客体角色身份不认同,并将不认同的社会角色放大后呈现出来,与其产生安全关系联结及价值认同,通过共情的方式,将他人的感情移入后,进行情感表达,产生异化性移位。

所对应的人格模式:依恋型人格。

依恋型人格最主要的情感表现:缺乏自信心,总是依靠他人来做决定等。

强化性转位(攻击型人格)

个体对自我不认识、不认可、不愿意认同的本我角色身份进行重塑,与之相匹配的被压抑情感就会以较强大的能量通过向内攻击或向外攻击的方式转移,进行情感表达,产生强化性转位。比如一个人被迫与他不喜欢的人做伴,于是他就开始头痛了,潜意识欲望被抑制表达的时候,转位就是能够让他如愿以偿的方式。能够让它以病态的形式在身体当中体现出来,属于强化性转位。

所对应的人格模式:攻击型人格。

攻击型人格最主要的情感表现:心理发育不成熟,判断分析能力差,容易被人挑唆怂恿,对他人和社会表现出敌意,产生攻击和破坏行为。

弱化性转位(顺从型人格)

个体对自我的本我角色身份不认同或者消极被动认同,与之相匹配的被压抑情感就会以较弱小的能量通过向内攻击或向外攻击的方式转移,进行情感表达,产生弱化性转位。比如一个人在单位受了领导的气,不敢发,回到家,转位发到老婆身上,老婆又转位发到孩子身上,孩子又转位发到小狗身上……这是被压抑的负能量向外攻击。这就是发生了弱化性移位。

所对应的人格模式:顺从型人格。

顺从型人格最主要的情感表现:情绪往往不稳定,常会无道理地一会儿高兴,一会儿悲伤,一会儿生气。

同化性转位(追求型人格)

个体不得不对自我不认识、不认可、不愿意认同的本我角色身份认同,同时淡化其对自我的影响,与之相匹配的被压抑情感就会以较强大的能量通过向内攻击或向外攻击的方式转移,进行情感表达,产生同化性转位。比如某女性因长时间的夫妻感情不和而患了妇科病,这是"身体的病,心理的症",一种向内攻击的同化性转位。

所对应的人格模式:追求型人格。

追求型人格最主要的情感表现:很少抱怨、生气,总是努力抑制自己的不快,习惯于看别人的眼色,生怕对方不高兴。

异化性转位(反社会型人格)

个体对本我角色身份不认同,并将不认同的社会角色放大后呈现出来,与之相匹配的被压抑情感就会以较强大的能量通过向内攻击或向外攻击的方式转移,进行情感表达,产生异化性转位。比如从事传销的人员,原本觉得传销这件事很不好,但参加传销组织后就认可了,不仅自己做,还忽悠别人做,产生了异化性转位。

所对应的人格模式:反社会型人格。

反社会型人格最主要的情感表现:无法确认自我,情绪不稳定,不负责任,撒谎欺骗,又无动于衷。

强化性归位(强迫型人格)

个体对自我的角色与安全关系高度认同,并与其产生安全联结与价值认同,通过自我角色的认知与塑造,将与之相匹配的情感表达出来,产生强化性归位。如2013年7月,《老年人权益保障法》规定子女必须要经常看望和问候年老的父母。这属于强化性归位。

所对应的人格模式:强迫型人格。

强迫型人格最主要的情感表现:强化永远有效的原则和无可争议的规矩所带来的安全感,害怕改变与消失,死守着熟悉的事物等。

弱化性归位(孤独型人格)

个体对自我的角色与安全关系不认同或者消极被动认同,并与其产生安全联结与价值认同,通过自我角色的认知与塑造,将与之相匹配的情感表达出来,产生弱化性归位。如有些父母当孩子长大成人,能够自给自足的时候,就不操心孩子的事情了,而是将大部分精力放在怎样过好夫妻俩自己的生活上,这属于弱化性归位。

所对应的人格模式:孤独型人格。

孤独型人格最主要的情感表现:他们看起来很独立,实际上是否认自己的需要,恐惧与他人接触,否认自己的情感甚至物质需要。

同化性归位(自恋型人格)

个体对自我的角色与安全关系认同,同时淡化其对自我的影响,并与其产生安全联结与价值认同,通过自我角色的认知与塑造,将与之相匹配的情感表达出来,产生同化性归位。如很多老年人不愿意沉浸在期盼儿女电话的孤单里,完全打破了这样恐惧的怪圈,他们上老年大学,学琴棋书画,做一些力所能及的好事,接纳自己,肯定自己,开开心心地过好晚年生活。一个女医生,在家回归妻子的柔顺,在病房上班回归医者的慈悲。这些就都属于同化性归位。

所对应的人格模式:自恋型人格。

自恋型人格最主要的情感表现:无根据地夸大自己的成就和才干,认为自己应当被视作"特殊人才",自己的想法是独特的,只有特殊人物才能理解。稍不如意,就又体会到自我无价值感。

异化性归位(忧郁型人格)

个体对自我的角色与安全关系不认同,并将其放大后呈现出来,与其产生安全联结与价值认同,通过自我角色的认知与塑造,将与之相匹配的情感表达出来,产生异化性归位。

比如现实生活中很多人喜欢走捷径,不按照事物发展规律去做。一名医生需要有医者的慈悲及较长时间不断地学习才能成为专家,而前些年有的医生通过不正当的手段获得高级职称,而后自欺欺人,成为有名无实的专家,这属于异化性归位。

所对应的人格模式:忧郁型人格。

忧郁型人格最主要的情感表现:想追求刺激多变又害怕风险,害怕分离与寂寞,百般依赖他人等。

交流分享

天、地、人同在一个全息虚空场中。

天地分阴阳,万物有阴阳,人则有男女。见大知小,见著知微,在人的自我系统中,亦有阴阳。其中认知、情感为内隐,属于阴;情绪、身体为外显,属于阳。认知、情感、情绪、身体四大模块虽四而一,不可分割。

情感模块是人的心理底片,底片上呈现着人的内在心理需要与价值的排列组合方式,为了使自己的被需要感与价值感得到满足,人在暗地里玩着各种花样。

1. 错位

对错位最简单的理解就是没有把自己放在合适的位置上,进行了与自己角色、身份不相匹配的情感表达。因为角色错位大部分都是童年习得并且经过认知的同化、强化、异化、弱化而形成的一种习惯性、自动化反应模式,因而,当我们在情感上偏离了本我的角色的时候,往往是不自知的。

不久前,我觉察到自己的一个错位。我大舅过世的时候,大舅妈和他儿子、女婿找我妈商量一件事情,我在旁边,我妈没发言,我就表达了意见。然后我们五人一起去找小舅舅、小舅妈沟通。这个时候,小舅舅问:"大姐(我妈在她家是老大)你的意见呢?"虽然妈妈表达得不够清晰,我后来又做了一些补充,但小舅舅的那一问让我意识到:我不是他们的同辈,我只是他们的晚辈,我错位了。

由于我从小由外公、外婆带大,和舅舅、姨妈们一起长大,在我的心中,外公外婆占据着父母的位置,我在潜意识里把自己当成母亲的同辈了。另一方面,由于小时候父亲在外地的部队,妈妈一人带着三个孩子,非常不容易,我是家中老大,因此在潜意识里我总有一种保护母亲的情结,很多时候我角色倒置,把自己放在妈妈的丈夫或者妈妈的妈妈的角色位置了,所以在行为上对妈妈的事情有些大包大揽的意思。当我认识到这个错位的时候,我知道需要做一些调整。但我发现,面对调整,我的内心有阻抗。我认为现状挺好的。我很习惯和舅舅、姨妈们情同兄妹、平起平坐,习惯了做妈妈的保护者,而不愿意回到晚辈、儿子的角色。由于角色植入,我不愿意把情感记忆的底片进行重新审视和重新定义,我继续合理化自己错位的角色。因为这样,我感觉自己是被需要的,我是被认可的、被肯定的,我的被需要感和价值感得到了满足。

后来,在爸爸过世后,我发现妈妈很有主见地安排自己的生活,她和她弟弟、妹妹电话聊天,讨论家事,回忆过去的时光,这些都和我无关。我意识到,在妈妈那里,在姨妈、舅舅那里,我不是他们的兄妹,只是一个孩子,一个外甥,是我自己不断地自我强化,抬高了自己的身份,并赋予那个假想的身份以情感。原来那个身份只是我头脑里的事,一个错觉,一个假象,从来没有被其他人认同。

人生就是这样一场自导自演的大戏,自以为是,以假为真。

2. 移位

移位在心理学里叫"将心比心""感情移入",在人际交往中,即"换位思考""感同身受",有利于体验对方的感受,便于理解别人。移位是一种利己利他的情感方式,解放了自己,又帮助了他人,让人产生价值认同与安全联结感。

在工作中出了问题,我会习惯性地换位思考,想一想自己有什么问题。遇到矛盾和冲突,会马上冷静下来,换位思考一下,如果我是他,我会怎样想、怎样做。但在日常生活中,尤其在亲密关系里,我有些霸道,自以为是,换位思考做得不够。这是需要警醒和调整的。

3.转位

转位是一种潜意识情感的转移。举例来说,前一阵为赶工作进度,我情绪有些焦虑,导致胃口不好,吃过饭胃会隐隐作痛,精神上的压力就从身体上表现出来了,这就是转位。

被压抑的意识、情绪、情感的能量,如果没有合理地对话和宣泄,会通过向内攻击或向外攻击的方式进行转移。

"身体的病,心理的症"是一种向内攻击的转位。身体病了,症结在心里,这是负能量没有得到宣泄后的转位。要根治身体的病,还需根除思想上的症结。医身病时别忘了从心理上找根源。

4.归位

归位是人生的最高境界,是生命走向圆满的过程,是身心灵的统一。归位是恰到好处的心理平衡,是随心所欲而不逾矩。归位就是时时刻刻在当下,了解自己在干什么,以什么心在干。归位是一个从无我到有我,再从有我到无我的过程。归位需要性命双修,内外兼修。

个人要实现归位,还需破我执、破法执,不将"我"的东西投射到外物,不被意识的假象所迷惑,去除后天意识对外物的附着,观心止息,静心护念,念念归心,念念无我,才能直达本体。

问答录

问:人格模式在生活中是如何运转的?

答:许多人的人格是混合型人格,在我们每一个人身上都有很多种人格混合,为什么?因为我们的人生经历就是一个 S 型,或者说是一个弯道型的人生波段。在这个波段的过程当中,我们每经历一种环境,我们就会在这个到一体当中来,要回到一体二能上来。一体就是阴阳一体,同时里面又有阴阳两股能量。比如:一个女生在物质上属阴,她需要找到一个阳,这个阳要能够包容她、理解她、真正地爱她、真正帮助她成长,她才能从她那个黑洞里面完完全全地跳出来。要不她还是会回到心上塑造的环境里面去,回到那个黑洞里面,不愿意长大,不愿意出来。

依恋型人格必须找到这样一个人或者是物。

日本有一个寿司大师,他在地铁口住,而且房间只有十平方米,他一辈子都把自己给了寿司。他非常爱寿司,这就是与物和合,一旦哪天不让他做寿司了,或者寿司没有人吃了,无人欣赏了,他就活不下去了。有些人与书画和合,把所有的精力投入书画当中去,一旦没有得到他人的肯定或者哪天没有掌声,没有鲜花了,他就感觉活不下去了,情感寄托就没有了,他自己的自恋情结就没有载体了。因为没有这个载体,就感觉被大家抛弃了,不被需要了。

孤独依恋型人格时时刻刻建立在被大家需要的基础上。一体必须建立在高度的人的一体,人不能矮化为物,有的人跟狗建立起很亲密的感情,这就是人把自己矮化为物了,这个能量就不匹配了。

我们讲能量要相互匹配,阴阳和合,内在也必须阴阳一体,才能够彼此相互成长,任何一方能量不匹配,阳过多,阴过少,阴过多,阳过少,都要出大事。

问: 如何辨察情感需求与情感模式的组合关系?

答: 情感里的需求,我们需要找到哪一个才是我们真实的需求,哪一个是虚妄的需求,或者这个虚妄的需求跟自己认知模块里的角色与关系的对应是不是有关系?你拿一个什么样的角色去跟外在的人做关系的联结?又跟自己的内在建立了怎样的联结?不管是与内在的联结还是与外在的联结,身体上的这种反应、这种需求都与自己内心当中的这种价值体现有关。

无论是在外面塑造一个给别人看的假自体,还是内在塑造一个形象给自己看,都要形成价值匹配。

很多时候我们被外在的标准约束了自己,把外在的标准当成是唯一的模板标准来塑造。我们被外在的很多价值观催眠和绑架,不敢去破除。我们从众的原因实际上是害怕被抛弃,害怕被边缘化,害怕被忽略。这种约定俗成的文化基因,使我们失去了心灵的自由,使我们已经忘却了独立思考。

我们该怎么做呢?不去挑战这种外在的价值观,而是把自己的内在需求与价值观当下对应,选择性回应。

情感模式里有一种自以为是的情感。自以为是的情感里会产生观念的固化,刻舟求剑;会产生概念的僵化,因妄生幻;还会产生意念的老化,自我共情。如果我们认清许多并不是你真实需要的情感,并不是有价值的值得经历的情感,完全可以把它隔离掉。一旦生起即转即觉,即觉即转。

还有一种相互交流的共生性情感。

最好的情感模式当属两心融入的情感。对方的需要他不光是看得见,还能够去满足并赋予它价值感,而且还能够在赋予他预期的价值感的基础上提升它的价值感。如果仅仅是达到了预期那是喜悦,但是超出了预期就会加倍共振。所以心心相印、两心相融的这种力量是最大的力量。如果我们在跟对方对镜的过程当中能达到相融的状态,是对人的成就最大的驱动力,因为你的价值被放大了,你的需要被极大化地满足了,你的这种需要被导向到了更高的层级,就相互成就了。

问:"角色与关系"是如何通过情感的"四位"来表现的呢?

答:文化基因里的等级观念是一种自以为是的情感,是一种单向合理化的情感,是一种自我共情后的共鸣,是一种审视化的权威评判。

我们彼此对镜观照,当情境共生的时候,固化的观念就开始动摇了;当情感共生的时候,僵化的概念就开始崩溃了;当情意共生的时候,老化的意念就开始破碎了。共生也是重生,影响他人就是要在理解并尊重他人的基础上,共同重塑一个新的价值观,激活一种新的思维模式。

所以,情境的共生、情感的共鸣、情爱的共振,对应的就是真实的角色与关系。角色与关系在"三共"里面通过情感的四位来表现。

哪四位呢?

错位,来自自我需要。为什么需要?个体要重新认同和接纳自我,当下的自我他不接纳、不认同,因为他觉得当下的这个自我体现不出他的价值。

错位最容易跟癔症型人格组合。我们每个人都不希望受到别人的否定,我们都希望被外在接纳。当我们受到别人否定的时候,我们常常会升起愤怒,甚至是无指向性愤怒。因为你错位的角色既没得到别人的认同,反过来别人还会对你这个错位的角色进行打击。如果你错位的角色使别人产生了情景、情感共生,则有可能造成当事人双双发生癔症的情况。错位的情感是一种自以为是的情感,但也能够进入相互交流的情感,也能够进入身心灵的情感需要,关键是要双向合理化。交流一定要建立在共生的基础上,因为情感不共生,情爱就很难共融。

移位,就是一个人从本来的位置移到一个虚拟的自我认定的角色里面,而且他还认同,他还渴望进入那个环境。

转位,上下位置颠倒或者转动,个体不认识、不认同、不愿意认同本我角色身份。

内心深处的需要与价值如果不是通过真实的角色与关系对应的话,是很难被满足的。为什么很多人总觉得被人骗了?上当受骗或失败首先需要考虑自己是不是在错位当中移位,在移位当中转位。

归位,回归到自己当下应有的角色。

如果我们跟别人产生情境共生,就要确定这个角色与关系是在当下双向合理化的情境上共生。所有单向合理化的情感都是自以为是的情感。只有双向合理化的情感,才是相互交流的情感,这个时候的情境共生才是进入交流的初步,如果达到彼此角色与关系的认同,彼此情感交流的共鸣,彼此身心灵合一的共融,这才是最好的情感,也是最让人发自内心喜悦的情感,也是能够让人逆生长的情感。

问: 内在的阴阳一体表现在哪个方面呢?

答: 时时刻刻表现在我们内心情绪的祥和与宁静上面,我们时时刻刻都能做到念念无住。念念不生那是佛。生起念头没有关系,你不要住在念头上面,因为阴阳不调和,能量不匹配就会空耗能量,就会向内攻击,内外的阴阳和合决定了人生的幸福。

三元四相位人格模式是个系统,也是个工具,在这个系统工具里面对应了人这个系统,首先系统对应系统,工具对应工具。身体也是我们心和灵的外壳,也需要借助于工具进行对身心的修理。

就像树一样,不同的成长阶段对它的养护方式是不一样的,我们不能用一劳永逸的某一种办法去解决不断成长、不断变化中的问题,需要转认识成智慧,这是关键。

这个世界是变化的,人也是变化的。我们把小时候到将来老了之后的照片放到一张纸上,就会发现,这里面的变化太大了。

情绪模块

　　学习知识，重在掌握和运用，在吸收转化的过程中去检验知识。从转化的角度来讲，世事总是在不断变化中化合，要求我们的知识库不断更新、升级，纯净人心。人与社会、人与人、人与物之间的联结都需要建立一种关系。

　　一个人有多少种人际关系，他就有多少种人格模式与之相匹配。所有的矛盾和问题都来自于关系的调整和人格的错乱。不能协调适应关系的发展和变化，张冠李戴，问题本身就能衍生出更多问题，能够中和关系，理顺人格，一切问题都不是问题。

　　人与人、人与自然环境、人与社会文化环境所产生的关系就是人际关系。人与他人的互动以及人幻想与他人互动的关系，文化的移入内射在人格之中，内驱力的强弱影响着人生经历的变化。

　　个体在与客观外界的对立统一关系中，对事物的探索，对自我的认知所产生的情绪和情感，会以四种表达形式寻找出口，不同的形式反映着个体的人格差异。通过学习和提升自我，重新认识自我认知上的拒绝、封存、对立；通过改变调整自我认知，重新认识骄傲、憎恨、自卑、自尊上的自我分割。

一、一体二念三知四射（外显部分）

一体

一体即心绪一体。不管是心绪还是情感，跟心识始终是一体的。七情六欲引发的心念变化都在情绪上得到体现。

从观察者到被观察者，我们的情绪没有生起的时候看外界是观察者，我们情绪生起来，我们自己既是观察者，也是被观察者。有时候我们甚至忘记了观察自己，只是把情绪表达出来。

我们真实的心念、情感记忆经常被后天意识植入的"合理化"思想所掩盖、所替换，以此欺骗自己。但潜意识不会说谎，它忠实地帮我们贮存所有的情绪，以身体病痛的方式提醒我们要去真实地面对自己的需求，好好地去处理。

情绪有效合理地得到尊重和正向释放，身体就会舒服、健康。任何身体的不适和病症都是我们的内心被扭曲的情绪在呼喊和求救，针对这些病痛的 SOS 和反向攻击。可惜大部分人没有真正理解，头痛医头，脚痛医脚，甚至四处求医，想方设法把这个信号灯切除掉，造成悲剧性后果。

世上原本没有黑暗，只是光的不在；千年暗室，一灯即破。觉察就如黑夜中的明灯，能让我们轻易绕开总是绊倒我们的障碍。

二念

二念就是先天和后天意念。先天意念是不可测、不可量化的。后天形成观念。观念是什么呢？是理念和概念，是很多的条条框框、逻辑。有时候有好处，比如，概念、理念就像筐子、柜子一样，把家里不用的东西分类放起来,又美观,又能更好地利用空间。这些概念还可以是内在誓言和外在宣言。誓言对内叫觉醒,内在誓言就是我们某个阶段的决心,内在誓言外化就是宣言。

一个人在一段时间如果指导自我发展的理论不创新,没有高度,这个人的格局就不会高。理论就是解决我们为什么要朝着那个方向去的问题的。我们在某一阶段对自己的情绪要找出背后的体,就是造成情绪的模板,不把它找出来的话,我们免不了在以后的生活中继续摔跟头,掉到心理黑洞里。

在观念上要时时创新、更新!不能让儿时所形成的观念、理念一直伴随着我们,也不能让被我们现在认同的某一个理念一叶障目,阻碍了我们对整个人生方向的校正。这个理念和概念在与外在环境、后天教育、先天业力、后天事件的交叉中融通、转化,也就是说意念、妄念在理念中得到了校正。但是理念错了呢?那个意念和妄念是不是越走越偏呢?所以,需要我们把先后搞清楚,明了一和二的关系。

三知

三知就是感知、解知、觉知。

感知:知而不明。感知到了一种危险,但不知危险从哪里来,感知到了自己的情绪被压抑得很深,但是不知道情绪是怎么来的,知而不明,知道但不明了。

解知:知之之明,知而明了。有句话说:人贵有自知之明,这就是解知,他能够马上解读自我情绪的生成,包括情绪背后的体相,这个就是知道了情绪怎么来的。知道而明了。

觉知:觉知是知而无住,知道这一切是如风过耳、风过无痕。一切都是妄心妄念在作怪,明白情绪可以在当下即生即灭的道理,所以明而了了。这就是三知递进,情绪生起马上任由它去,任由它灭。

有人说："任由它去就是任由它破坏。"不是的。当你了知了，对这样一种情绪不去持续推进能量补充，就失去了情绪破坏力。如果一个情绪背后有无数的妄念、意念在持续推动，自然产生破坏力！

四射

1. 内射

内射是人格发展的一种过程。内射是以一个人对个体角色身份的认知为导引，从外向内释放身心能量的过程，是内归因。

一个人利用它来吸收周围世界的各种感觉、欲望、观念和情绪态度以形成自己的认知和由此强化自己的言行。如孩童时候，个体从父母和家庭环境里毫不怀疑地接受和相信一些是非观念及宗教概念。长大以后，个体会以上司的政治观点作为自己的观点，也可能以他爱慕的朋友的观点作为自己的观点，或以他活动的团体之意见形成自己的偏见，但他通常并没有觉察到自己的认知思维过程恰恰是和小时候所形成的内射模式同化有关。

每个人在一生之中会不断地接收周围人们的许多观念及观点。个人的发展多少得力于这个学习的过程。如果环境健全，其他结果会很好；但若环境不健全，个人的人格也会反映出那些不健全的特征。

内在真我于学习探索上所获得的信息和外在假我让生命更好生存发展的环境信息会有一些矛盾，内射的过程会让自己向假我妥协，但真我并不见得认同，因此偶见有歇斯底里般的发泄行为。如：内射是个人接受观念、学习发展的一个工具，在我们成长过程中，会通过不同的经历、体验，去更换内射的模式，以达到自我内心平衡的需要。

人格和很多隐私有关，首先有生理因素、遗传因素，父母的基因会影响到孩子的人格，但大部分都是和幼年时期的教育有关，孩子生下来很单纯，后期尤其是幼年教育环境非常关键，会影响孩子的一生。

心理防卫机制之内射作用

案例:有个孩子在墙上乱涂乱画,父亲说这是不应该的,影响了房子的美观,他就不敢画了。此事如重复几次,父亲的批评以及道德价值观念就会渐渐内射到孩子的脑中,以后即使父亲不在,他自己在脑子里也能进行判断,这是不应该的事,就不会再做了。

举一可以反三。每个人在早期的人格发展过程中,最容易吸收、模仿和学习他人,从而逐渐形成自己的人格,如孟母三迁、近朱者赤等都是内射作用,也就是内归因的结果。

自居作用:指个体把他人的特征加到自己身上,模拟他人的行为,又称认同。作为一种情绪防御机制,当个体遇到挫折时,常常把自己模拟为成功的人物或偶像,从而分享其成就和威严,减轻焦虑和痛苦。

分析:内射作用是将外界的因素吸收到自己内心,成为自己人格的一部分的一种心理防卫术。

人的许多内射作用通常是毫无选择性地、广泛地吸收外界的东西。但有时通过特殊的心理动机,有选择地吸收、模仿某些特殊的人或物,我们将其称为仿同作用。

一般说,正向仿同是喜欢与爱慕,反感性仿同是一方面感到反感,另一方面又去仿同。向强暴者仿同,即个体模仿恐吓自己的人,将自己也变成恐吓者的模样去威胁或欺负比自己更弱小的人。向失落者仿同,即一个人在失去他(她)所爱的人时,在一定的时间段,会模仿所失去的人的特点,使其全部或部分地出现在自己身上,以安慰内心因丧失所爱而产生的痛苦。

有一个人在失去母亲后,常担心自己心脏会生病,按脉搏、摸头部,稍有不适,就去做心电图、量血压,唯恐心脏病病发而亡。经心理介入发现,原来他母亲非常关心他的身体状况,只要有一丝风吹草动,马上替他按脉搏、摸头部、做检查。现在母亲走了,他不知不觉扮演了母亲的角色,模仿母亲关心他身体不适的"习惯",他这样过分关心自己的身体状况,潜意识中保留了他已逝母亲的一些气质与习惯,借以使他产生仿佛母亲尚在身旁的感觉,以慰失母之痛。类似对死去爱人房间的保留,留有吃饭的碗筷,或模仿所失去人的特点放到自己身上以解失爱之苦,称为"向失落者仿同"。

2. 外射

外射是以个体对自我角色和关系的自我和社会的认定为导引,主体从内向外释放身心能量的过程,叫外归因。内射就是内归因,外射就是外归因。

有了过错不责备自己,却常诿过于人,阻止我们去面对让我们觉得丧气的人与事,同时也阻止我们对这些人与事所采取的破坏行为产生罪恶感。在这样的认知思维下,作为社会角色的假我安然自在。

这是一种掩盖自己过错的自我防御技巧。

为什么你要注意你兄弟眼里的灰尘,却不去发现你自己眼里的缺陷呢?每个人或多或少地在某些场合,为了维护自己的自尊和面子而用过它。如那些心理症患者常常过于极端地使用外射。

又如,一个男人可能想对让他感觉自卑的妻子说"你并不是真的爱我",并且坚信他说的是"真理"。然而事实上在他与妻子并无沟通且真实情况不是如此的情况下,他可能早就先不爱她了。男人把自己无法认知的本身过错外射在他妻子身上。

心理防卫机制之外射作用

案例:临床中一位病人,在银行工作,常常产生把钞票偷来自己用的念头,但又为产生这种坏念头而惭愧。结果,外射到别人身上,说别人怀疑他有偷用公家钞票的念头。经过这种外射作用之后,他一来不再觉得自己原有的偷窃欲望不好;二来因别人怀疑他有这个意图,他也就不敢真的去偷公家的钞票,从而达到了自我防卫的目的。如,一个心怀偏见的人会否定自己的感受而说他不会恨别人只是别人恨他等。

分析:外射作用又叫投射作用,是凭主观想法去推及外界的事实,或把自己的过错归咎于他人的一种心理防卫术。所谓"我见青山多妩媚,青山见我亦多情"。

作为心理防卫机制的外射作用,也可以说是外归因,是把自己不能接受的欲望、感想或想法外射到别人身上,以避免意识到那些自己不能接受的欲望、感想或想法。

一些外射行为是将偶然失误正当化、挫折合理化,以饶恕和解脱自己,但如果是将严重过失和有意犯的错误归因于人,意识上看似解脱,潜意识则会以怀疑、患得患失的个性发生变化引起诸多麻烦。

心理防卫机制之退行作用

指当个体遇到挫折时,以早期发展阶段的幼稚行为来应付现实,目的是获得他人的同情,引起重视,减轻焦虑。弗洛伊德认为,倒退有两种:一是对象倒退,二是驱力倒退。

案例:有一个五岁男童,本来已经学会了自行大小便,后来却尿裤子、尿床,为此,他母亲很烦恼。经了解分析,原来母亲新添了一个小弟弟,整天端屎把尿而无暇顾及不惹麻烦、能够自己照顾自己的乖哥哥。这个男孩发现不能像从前那样获得父母亲的重视(被忽视就容易觉得不安全)与照顾,乃改为退行,以期重新获得安全感的保障和被重视的心理预期。

分析:退行作用是指回复到原先幼稚行为的一种心理防卫术。不过,有时人们在遇到挫折后,会放弃已经达到的比较成熟的适应技巧或方式,而恢复使用原先较幼稚的方式去应付困难,或满足自己的欲望。这就是退行作用或退行现象。如疼痛时的"妈呀""妈呀"的叫唤或哭得像孩子一样;死里逃生的人虽然躯体康复,却总认为身体还没好,想方设法留在医院,不敢出院去面对现实;夫妻像小孩般相互撒撒娇寻求彼此安慰;父与子做游戏而在地上爬。这种短而暂时性的退行是需要的,如果遇到困难,经常性退行,就是逃避困难了。

改变退行的反向作用是——升华

指用相反的行为方式来替代受压抑的欲望。指将本能冲动转移到为社会赞许的方面。人类在科学、文化和艺术上的工作成就都归结为本能冲动的升华作用。

外射的目的:阻止我们去面对让我们觉得丧气的人与事,同时也阻止我们对这些人与事所采取的破坏行为产生罪恶感。

外射心理让我们能利用别人做"替罪羊",而把自己的事实伪装起来。

外射也可以说是一种变相的为自己辩解,有直接在意识层面的,也有自己尚未发现的潜意识层面的,主要是找个"替罪羊"来掩饰自己做错事的罪恶感。如电视剧《西藏秘密》里面的帕甲为了获取贵族的身份与地位,想方设法地接近德勒府的二少奶奶,后来两人一起不择手段做坏事。当遇到险阻的时候,帕甲对这个二少奶奶说所做的一切都是为了她,目的没有达到的时候的失落与愤怒,这样可以看出他的安全联结出了故障,自我被需要被认可的高贵身份没有得到满足,他要证明其是被认可的,是有价值的,对自己目前的角色身份的不认同,焦虑大于满足,两者没达到平衡。也可以看出他的这个模板对自我的不满与焦虑想通过权与利的满足来达到一种平衡。

3. 投射

一方面是指把自己内心中不为社会接受的欲望冲动和行为归咎于他人的阻碍和影响,如我之所以没有成功,就是因为某某,我之所以没有,就是因为某某等。弗洛伊德认为,社会偏见现象即来源于投射作用。常见的精神病患者的被害妄想也来源于投射作用。不见树自身,却为影子忙(自他共情)。

另一方面,投射是指由个体将自身情感思维,投向外部世界。在情境上自我设定,在情境角色上自我设定,把自己具有,而别人不一定具有的情绪、情感、理念、观点、态度、信仰等心理、精神、人格上的东西投注在他人或外物身上,并自以为是地以为事情就是这样,如我对他怎么好,他应该或者一定也会对我好等。

自他共情也常以虐他的形式呈现,以自己所受过的痛苦情节去折磨他人,看到他人在痛苦中的表现获得自己伤口的暂时性抚慰。

心理防卫机制之幻想作用

在现实生活中,人的意愿不可能得到完全满足。为达到某种精神上的的需要和生理上的平衡,人们往往借助于幻想,或部分满足和安抚自己心灵上的遗憾,或作为一种另类的需求自慰方式(如幻觉),创造性地去表现一种文化思想。

分析:投射无好坏之分,只有"要"或者"不要"。要的留下来,不要的投射出去。人的所有言行都是内心投射的产物。

幻想作用作为一种心理投射,是指一个人在现实中遇到困难时,因处理棘手问题而利用幻想的方法,使自己从现实中脱离开或存在于幻想的境界中,以情感与希望任意想象应如何处理其心理上的困难,理想化拔高自己和自己的亲人,以得到内心的虚妄性满足,偶尔使用并无不妥,但以妄为真,过分使用,就与退行作用相似,梦中宝石,当不得饭吃,极易形成困扰。

4. 映射

心理痛反射区是自我投射意识下心理映射的行为反应(自我共情)。

一个人对于世界与他人的认识源自于自己的内心,映射也可以说是自我心理或好或坏,或希望好或希望坏的暗示。如一个人说"我不喜欢也不相信有一见钟情式的故事",其心理暗示是他内心已经映射到自己对自己外貌的不自信。再如:一个人炫耀什么,映射着其内心的缺少;一个人自卑什么,映射其掩饰什么。

自我共情有时候以自虐的方式呈现出来,个体会把精力投在自己不喜欢的人或者事情上,通过把不喜欢、不认同的事情做到极致来向外证明自己,自虐的同时,只是在逃避一个自己不想见或不愿见的人。

心理防卫机制之潜抑作用

案例与分析:与自然忘记不同,潜抑作用是有目的地忘却,把不被意识所接受的念头、感情和冲动不自觉间抑制到潜意识中,如收到不愉快的信件、信息时,往往会把回信这件事情"忘记"掉,又称选择性失忆。

一个人觉得自己缺乏男子汉气概,经常被人嘲笑,在找我咨询时,将自己小学、大学、结婚、工作的过程,说得很细。经心理介入,他才说出自小时父母分居以后,与母亲同床直到16岁的事。问他为什么忽略这样重要的事情,他却大声惊讶地说:"我没有告诉你? 我以为我讲了。""我觉得这个不重要,所以就没有说。"之所以隐瞒,一定是他特别在意和敏感,一直因为与母亲同眠而羞愧难过。当我告诉他,恰恰是他有了男子汉气概,让母亲在失去丈夫之后得到了儿子的保护,他的心就开朗起来,羞愧感退潮,被压抑多年的男性本能重新上场。

弗洛伊德认为,自我防御机制是个体无意识或半意识地采用的非理性的、歪曲现实的应付焦虑、心理冲突或挫折的方式,是自我的机能。他还主要提出了八种自我防御机制。

压抑是八种心理防御机制的一种。个体将意识不能接受的欲望、情感、冲动经验和记忆放逐到潜意识中去,使之不为意识所觉知,以避免产生焦虑、恐惧、愧疚的过程。作为一种本能的动机性选择遗忘,目的是选择将那些使个体体验到的冲突或紧张的记忆或相关经验摒除于意识之外。被压抑的经验并未真正消失,而是进入潜意识之中,积极寻找宣泄的出口,常以梦、口误、笔误的伪装形式出现,获得暂时的、象征性的满足。有时表现为神经症症状。

弗洛伊德认为压抑有两种:原始压抑和真正的压抑。指将引起焦虑的思想观念和欲望冲动排遣到潜意识中去。压抑的概念有两层含义:一是压抑是一种主动遗忘的过程;二是被压抑的思想观念没有消失,而是在潜意识中积极地活跃着,一旦条件许可,如潜意识中的"监督者"放松警惕,它们就会伪装后进入意识中。

心理防卫机制之否认隔离作用

指个体拒绝承认引起自己痛苦和焦虑的事实的存在。在否认中,重新解释事实占有很大的成分。

类似将人死亡说为"仙逝""长眠"等,把观念和感觉分离,只留下人们可理解的观念,而把可能引起不快的观念隔离起来的现象。

心理防卫机制之:移置(转移)作用

指个体的本能冲动和欲望不能在某种对象上得到满足,就会转移到其他对象上,或是转变驱力。前者是对象移置,后者是驱力移置。如小孩子吸奶头到吸指头到咬笔尖,抽香烟或嚼口香糖。如一个小女孩不管在家或外出,都要抱个小枕头到处跑,并用手捏着枕头的角当奶头吸。经心理介入,得知女孩几个月大时,妈妈的父亲重病,母亲就让丈夫照顾小孩,小孩哭闹时,父亲就扔个小枕头给她,小女孩就把对母亲的依恋转移到了小枕头上,并形成习惯。

心理防卫机制之歪曲作用

有一化验室的技工,突然语无伦次,说他是著名化学家,且最近获得诺贝尔化学奖,还说他是当代某著名女影星的情人。他不仅这么说,而且真的确信。接到一封普通的信,便认为是瑞典皇家科学院寄来的,是邀请他到瑞典去领取诺贝尔化学奖的。由于语无伦次、行为怪异,路人取笑他,他却认为是在祝贺他当选为某工厂的厂长;听到收音机里女影星唱的歌,则认为是他情人唱给他听的。

分析:导致他这样的原因何在?经心理介入,他在最近的化学检测考试中名落孙山,比他年轻的同事反而升了级,女朋友此时也离他而去,负面精神压抑累积,他就把外界事实加以曲解变化以符合内心的需求,以夸大想法保护自己的自尊心,这类变相虚妄性满足启动了心理防卫机制里的歪曲作用。

歪曲作用无视外界事物,与否定作用有相同的性质,属于精神病性心理,以妄想或幻觉最为常见。妄想是将事实曲解,并且坚信不疑。如相信有人危害他,配偶对他不贞,夸大性地相信自己是神或皇帝,等等。幻觉乃是外界并无刺激,而凭空感觉到的声音、影像或触觉等反应,它与现实脱节,严重歪曲了事实。

从关系角度看,对某人有强烈的情感(不论正负),都是关系过于亲密,没有边界的状态。潜意识感到的情感无正负之分,只有能量的强弱(浓度)之分。

其他的心理防卫机制还有很多,如:

反向作用:与原意相反的态度或者行为。

抵消作用:以象征性的事情来抵消已经发生了的不愉快的事情,如小孩碰到门,妈妈打门;做喜事打碎碗,说碎碎(岁岁)平安等。

补偿作用:个体企图用种种方法弥补自我想象或事实基础上的不适感。

合理化作用:文饰作用,以隐瞒自己的真实动机和愿望,如酸葡萄心理,甜柠檬心理,智力平平的人说自己憨人有憨福,被偷了说破财免灾等。

升华作用:将破坏欲望升华为提升动力。

利他作用：自利利他，如特喜欢孩子便选择去幼儿园工作等。

幽默作用：如苏格拉底被妻子泼水后说"打雷之后一定下雨"等。

人的情绪是从哪里来？一部分来自于心理舒适区和心理黑洞区的共生、共情和共振；另外一部分来自于心理舒适区的习惯性重复所产生的替代性满足以及心理黑洞区里所产生的自我补偿性满足。

人为什么会有那么多的情绪？在现实生活中，我们经常有无名的情绪，可能因为原始或最初的需求没有被满足，从而在心理舒适区里产生有适时需要的替代性满足，在心理黑洞区里驱动需要被发现、被关爱、被认同的重复性体验的安全联结反应。四射合一，互相转换，四就是一，一就是四。

当个体或者群体不被关爱、不被认同的痛点需要疗愈时会产生或是升华或是退行的多种表现形式。有一种是心甘情愿地不断地为他人付出，用自虐的方式来进行重复性疗愈；另外一种是以拯救他人、救赎自我的方式来进行自我补偿性满足的反向疗愈；还有一种是以虐他和杀戮的方式来抚慰自己的内在创伤的反向破坏方式。

人能不能够调节和平复自己的情绪？第一步：整理性分类隔离。当情绪来的时候，先整理它，来自哪个情绪抽屉；其次注意它的来源，背后是什么需求与价值，有哪些记忆，有哪些底片，哪些是被我们单向执着的，被我们单向合理化的，搞清楚。第二步：清理性归类淡化。分类清理，去浊澄清。第三步：处理性整体抽离。整个把身心灵从情绪当中抽离出来。

人的情绪从哪里来？"真如不守自性，一念便生无明"。情绪从念头当中来，从无明里面来，从情感的需要（生存和爱的安全感）与价值（自我和社会认同）的满足与否当中来。过去我们所经历的经验模板，过去所期望得到的某种需要被满足，有些是真实的，有些是妄念、妄想、幻念、幻想。在情感底片上顽强地释放信号，不断地催生我们的情绪。过去我们在与社会、与个体、与客体的互动当中，不被满足的需求，不被认同的价值，甚至是被冤枉、被打压、被曲解、被误解、被否定和隔离的情感记忆,一旦被照见,就快速地形成攻击、维护和离开。

怎么样有效地释放情绪?双向合理化!双方在共生的环境里,还原交流,达成共识,进行共振。既不归罪于人,也不归罪于己,观察觉察,物来则应,物去不留,当下应对,当体即空。

二、情绪模块的十六化及对应的十六种人格模式

强化性投射(癔症型人格)

个体认同自己的角色身份,并将对自我的认知贴上标签、赋予意义,投放到他人或者他物上,并自以为是地认为事情就是这样。比如,"灰姑娘遇到白马王子"会引起人的共鸣。个体认同自己当下的角色身份(灰姑娘),然后将自己的情感等投放在想象的白马王子身上,并产生自他共情。这就是强化性投射。

所对应的人格模式:癔症型人格。

癔症型人格最主要的情绪表现是做作,情绪带有戏剧化色彩,冲动易怒。癔症型人格又称表演型人格或歇斯底里人格。

强化性内射(攻击型人格)

个体认同自己的角色身份,并以自己对客体的认知为导引,从外向内释放身心能量,对自我认知和言行产生影响。"向强暴者仿同"也属于强化性内射。

所对应的人格模式:攻击型人格。

攻击型人格最主要的情绪表现是情绪高度不稳定,极易产生兴奋和冲

动,行动之前有强烈的紧张感,行动之后体验到愉快、满足或放松感,无真正的悔恨、自责或罪恶感。

强化性映射(强迫型人格)

个体认同自己的角色身份,当自己的心理痛反射区被触动,信息能量自动从内向外释放,自我赋予意义后,由外向内释放身心能量,自我产生共鸣。比如:恋爱中的女孩子常犯的一个错误就是把分手当成是索要爱的手段,其心理暗示是,他可能不爱我了,我要试试他。女孩子认同自己是这个男孩子女朋友的角色身份,但某些时候心理痛反射区被触动了,就会产生不安全感,会用分手来试试男孩子,给自己和男孩子贴上标签、赋予意义,内心认为男孩子可能不爱我了。这就是强化性映射。

所对应的人格模式:强迫型人格。

强迫型人格最主要的情绪表现是焦虑、紧张,悔恨多,轻松愉快满意少,缺乏幽默感。

强化性外射(偏执型人格)

个体认同自己的角色身份,从内向外释放身心能量,有了过错不责备自己,却常推过于人,阻止去面对让我们觉得丧气的人与事,同时也阻止我们对这些人与事所采取的破坏行为产生罪恶感。比如一个打架的儿童反责备与他争吵的小朋友,说是对方先动手,他才还击的。这就是强化性外射。

所对应的人格模式:偏执型人格。

偏执型人格最主要的情绪表现是过度的焦虑和不稳定的情绪,敏感多疑,公开抱怨和指责别人,自卑。

弱化性投射(分裂型人格)

个体不认同或者消极被动认同自己的角色身份,并将对自我的认知贴上标签赋予意义,投放到他人或者他物上,并自以为是地认为事情就是这样。比如小孩子处处受到大人限制时,会沉浸在"孙悟空72变"式的白日梦里。这就是弱化性投射。

所对应的人格模式:分裂型人格。

分裂型人格的最主要的情绪表现为害怕他人亲近,冷漠孤僻,敏感猜疑,喜怒无常。

弱化性内射(顺从型人格)

个体不认同或者消极认同自己的角色身份,并将自己对客体的认知从外向内释放,对自我认知和言行产生影响。比如一位少女最恨别人大声吼叫,可一旦自己遇到什么事,却总控制不住要大声吼叫,事后又懊悔。经过心理介入寻找模板发现,他父母之间一旦意见分歧,只要她母亲一吼叫,父亲就偃旗息鼓,久而久之她就形成了遇事不分对错、声音大就是王道的认知。虽然她知道大声吼叫是不好的,但是在潜意识中,却处处模仿她母亲的粗陋行为,因为她觉得这才是制胜之道。这种一方面感到反感,另一方面又去仿同的现象,称之为"反感性仿同作用"。这就是弱化性内射。

所对应的人格模式:顺从型人格。

顺从型人格最主要的情绪表现是喜欢抱怨。

弱化性映射(孤独型人格)

个体不认同或者消极被动认同自己的角色身份,当自己的心理痛反射区被触动,信息能量自动从内向外释放,自我赋予意义后,由外向内释放身心能量,自我产生共鸣。

如一个人炫耀什么,映射着其内心的缺少;一个人自卑什么,映射其掩饰什么。这都是弱化性映射。

所对应的人格模式:孤独型人格。

孤独型人格最主要的情绪表现是冷漠甚至冷酷。

弱化性外射(巧妙妥协型人格)

个体不认同或者消极被动认同自己的角色身份,从内向外释放身心能量,有了过错不责备自己,却常推过于人,阻止面对让我们觉得丧气的人与事,同时也阻止我们对这些人与事所采取的破坏行为产生罪恶感。

所对应的人格模式:巧妙妥协型人格。

巧妙妥协型人格的最主要的情绪表现是缺少同情心和良心,总是抱怨不公平。

异化性投射(回避型人格)

个体不认同自己的角色身份,并将不认同的角色放大呈现出来,对自我的认知贴上标签赋予意义,投放到他人或者他物上,并自以为是地认为事情就是这样。

所对应的人格模式:回避型人格。

回避型人格最主要的情绪表现是嫌弃,害羞。

异化性映射(忧郁型人格)

个体不认同自己的角色身份,并将不认同的角色放大呈现出来,当自己的心理痛反射区被触动,信息能量自动从内向外释放,自我赋予意义后,由外向内释放身心能量,自我产生共鸣。具有忧郁型人格的人几乎从不谈论自己,周围的人也很难了解到他的内心世界。他们表面上沉着冷静、努力稳重。针对社会现状,很容易就会映射出内心的悲观与不平。这就是异化性映射。

所对应的人格模式:忧郁型人格。

忧郁型人格的最主要情绪表现是谦卑、依赖、害怕。

异化性外射(依恋型人格)

个体不认同自己的角色身份,并将不认同的角色放大呈现出来,从内向外释放身心能量,有了过错不责备自己,却常推过于人,阻止去面对让我们觉得丧气的人与事,同时也阻止我们对这些人与事所采取的破坏行为产生罪恶感。比如一个人在小时候遇到困难,经常发生头疼、肚子疼,且一这样就无须上学和考试,有了甜头并形成经验后,到长大了,也就容易采取同样方法而逃避现实困难。这就是异化性外射。

所对应的人格模式:依恋型人格。

依恋型人格主要的情绪表现是脆弱、压抑、害怕。

异化性内射(反社会型人格)

个体不认同自己的角色身份,并将不认同的角色放大呈现出来,把自己对客体的认知从外向内释放,对自我认知和言行产生影响。比如会有一些男士对富家女的态度是,富家女会让你飞得很高,但也会让你死得很惨。这样的观念内射到记忆里,或多或少地影响着他们的择偶观,这就是异化性内射。向失落者仿同也属于异化性内射。

所对应的人格模式:反社会型人格。

反社会型人格最主要的情绪表现是情绪的爆发性,冷酷、仇视。

同化性映射(自恋型人格)

个体认同自己的角色身份,注重自己对他人的影响或者对他人的态度持参考意见,淡化他人对自己的影响,当自己的心理痛反射区被触动,信息能量自动从内向外释放,自我赋予意义后,由外向内释放身心能量,自我产生共鸣。比如很多人对失去的放不下,其心理暗示是,我为他付出了那么多,现在这样我不甘心。这就是同化性映射。

所对应的人格模式:自恋型人格。

自恋型人格最主要的情绪表现是对批评的反应感到愤怒、羞愧或耻辱。

同化性投射(强迫竞争型人格)

个体认同自己的角色身份,注重自己对他人的影响或者对他人的态度持参考意见,淡化他人对自己的影响,并将自我的认知贴上标签赋予意义,投放到他人或者他物上,并自以为是地认为事情就是这样。比如我对他这么好,他也应该或者一定也会对我好等,这就是同化性投射。

所对应的人格模式:强迫竞争型人格。

强迫竞争型人格最主要的情绪表现是成功使他们自大,而失败则使他们自卑和抑郁。

同化性外射(古板型人格)

个体认同自己的角色身份,注重自己对他人的影响或者对他人的态度持参考意见,淡化他人对自己的影响,从内向外释放身心能量。比如两个人发生争执,其中一个人提出:"咱们和解算了,你看咱俩都不容易,你让一步,我让一步,谈判解决这个事,怎么样?"这就是同化性外射。

所对应的人格模式:古板型人格。

古板型人格最主要的情绪表现是固执、冷静、理智。

同化性内射(追求型人格)

个体认同自己的角色身份,注重自己对他人的影响或者对他人的态度持参考意见,淡化他人对自己的影响,并将以自己对客体的认知导引能量,从外向内释放身心能量,对自我认知和言行产生影响。比如孟母三迁、近朱者赤、自居作用等都是同化性内射。

所对应的人格模式:追求型人格。

追求型人格最主要的情绪表现是猜疑、嫉妒和敏感,常常暗暗地伤心落泪。

交流分享

人的情绪是从哪里来的？人为什么会有那么多的情绪？人能不能够调节和平复自己的情绪？

一体二能三元四相位里，情绪在里面扮演着一个重要的角色，牵一发而动全身。顺着情绪这根藤就能摸到认知和情感里面的这个瓜与瓜籽。顺藤摸瓜就能知道在我们的认知这个念头里面，升起了哪些无明的幻相和妄相。这些幻相和妄相都沉淀在我们的情感模块里面。情绪牵动和体现着我们灵感的指挥中心和身心的神经中枢所发出来的种种指令。

情绪的合理化的释放对于人的身体和心理有相当好的调节作用。同样，不良的情绪对我们的破坏力也是巨大的。

我们怎么去调节情绪呢？还是要回到我们的本源上来，也就是回到我们的心念上来，重新审视觉察认知上的角色与关系。

真实地还原，找到源头。源头不清，只在情绪上下功夫压抑、压制没有用。要注视情绪背后的两大区（心理舒适区和心理黑洞区）里的心念来自于哪一块没有被满足的，或者说哪一块的安全需要。这个需要找到了，就找到了原生成长环境里的角色与关系，你是用什么角色跟人联结才产生这种需要的，你是用什么角色跟他人进行关系联结才产生这种需求的。

情绪的四种表达方式是内射、映射、投射、外射，这四射与认知里提到的角色与关系又有什么联系？内射是客体对外面的思维模式和表达方式的经验的一种归纳和模板的定型。或者是他所经历的事件的一个记忆底片。比方说，我们看到一个人，这个人的某些外貌、行为或性格特征与自己的母亲很相似，这时候我们是不是就在内射？然后就映射出母亲在某一个时间段内带着我，曾经在我记忆里发生的某一件让我印象深刻的事。进而将这种情感投射出去，寻找跟母亲类似的人，对这个像母亲的人形成了情感的共生,外射出去,对这个人特别的亲近和关心。但是那个人不知道我在她身上投射了对母亲的情感,她也不知道我在投射的同时映射了我内心的记忆,然后内射了我对母亲的特有的这种情感寄托,然后又外射了我带有某种期望和愿望的情绪或行为。之所以外射,是因为我们想要寻求一种安全的联结,这种联结只有在熟悉的东西那里才能建立。然而如果这个人不能满足我这种安全的联结了,我要么就会产生无指向性愤怒,要么就会漠然离开,寻找新的客体。

所有的情绪都来自于共生、共情、共振情况下,心理黑洞区的补偿性满足和心理舒适区的替代性满足。我们很容易对他人产生负面情绪的原因是触动了我们内心当中、我们情感底片上的那些痛点记忆,来自于对当下自我的不认同。因此,在疗愈心理黑洞的过程中,会有重复性满足的需求联结。还有一种方式是反向疗愈。反向疗愈有两种,一种以拯救、救赎的方式来进行自我补偿性满足,另外一种是反向破坏。以虐他和杀戮的方式来抚慰自己的内在创伤。一个是升华,一个是退行。

那么情绪该怎样平复呢?如何才能真正地把情绪释放掉?

我们在对情绪做整理性分类隔离,清理性归类淡化,处理性整体抽离的同时,还需要双向合理化。把自己和对方放在一个共生的环境里,彼此交流,还原当时真实的过程,交流真实的感受,提出双方都能够接受的方案,既不归罪于人,也不归罪于己,而是还原真相,这个非常重要。在还原真相的基础上进行真诚、真实、真正的交流,达到相互合作的共识,当下应对,当体即空,哪里还有情绪的痛点呢?

这个世界上,总有一小部分人,他们有一个奇妙的心智转化器,他们好像没有痛苦按钮,只有快乐按钮,而且按钮在自己手上。他们的心智模式是:不管外界怎么样,我都有能力对自己的状况负责。这种人总能找到当下的更好的方法,因为他明白,不管外界怎么样,下一步的生活,都是他们自己的!上司发火我可以选择去沟通,也可以选择离开;孩子不听话,我可以选择去教育,又或者调整自己讲话的方式;堵车的时候我可以选择下次换个时间出来,也可以选择用这个时间听听音乐或者练练听力……这种人我们称为掌控者。

受害者,掌控者,你的大脑中间,安装了哪种模式?

生活中大概有40%希望换工作或改变环境的人。这些人在工作和生活中痛苦,便下意识地认为是外界的原因。他们认为改变外界环境,就能改变他的生活。所以他们花了很多的时间和金钱,从一个地方换到另一个地方,从一个人换到另一个人,却从没有更加幸福过。他们真正需要的,是拆除自己内心的痛苦按钮,成为一个自我掌控的人。

对于掌控者来说,每件事都是一个生命的礼物,但是你可以选择是否打开它。其实在这个世界上,我们都生活在棉被里,别人就是我们的棉被,当我们用心去暖棉被的时候,棉被也会带给我们温暖。

一切美好关系的破裂和背叛,外在的原因只是诱因。如夫妻间感情破裂要离婚,小青年恋爱谈不下去了、破裂了,实际上是启动了我们自身的痛点记忆,外在原因只是诱因。我们看不到问题的深层意义,却忙个不停地追究表层的原因,为什么要分开?为什么要离婚?总得给一个理由啊,哪怕是找个借口都行。

这个时候还要他人嘴里的理由干什么呢?为什么不去分析在两个人或多个人的角色与关系中是不是存在投射?是不是经常有映射、内射、外射这些情绪的反复?爱的是这个人,还是这个人带给我们的一种感受?

很多人忽略了这些问题。

一个人总是要求别人按照你的指挥棒来表演,时间长了也会累,除非他愿意演,愿意失去自我那么做。那你愿意去爱一个完全失去自我的人吗?如果是,那说明你也是一个完全失去自我的人,不是吗?

所以,面对情绪背后的问题,许多人选择继续掩盖,用九十九个错误去掩盖一个错误,而不是及时内观存在的问题。如此以后,依然还会重复那些经历。

我们在陷入爱情的时候,总是在对方身上发现自己喜欢的某些特质,这其实是在无意识中陷入了与自己美好的影子的爱情当中。一个著名的拉美作家说过这样一句话:人们不爱你,他们只不过是通过别人来爱自己。

爱情和友谊,就是一面最好的镜子,我们喜欢和憎恨的品质都是自己在他人身上的映射。这些品质能够引起强烈的个人反应,比如:共鸣、同情、怜悯等等。你所憎恨的也是你所不愿见到的,是不愿触碰的伤口。你所喜欢的,也正是你所缺乏的。

我们这不就是通过别人来爱自己吗?

心理学当中,由内在映射到向外投射这个过程很神秘,人人都在向外界投射自己的内在世界,要么爱要么恨,但是如果没有形成这种投射关系呢?彼此之间都没有太大的相关。

物以类聚、人以群分,形成场能的共振效应。为什么会类聚?因为大家自动会分类了,或爱或恨,那些让我们永远不能忘怀的人,无论他们让我们欢乐,还是让我们痛苦,都带着神秘的使命。什么使命?来帮助我们成长。通过他们对我们心灵的触发、痛点的触动,我们开始觉察和改变,他们帮助我们认识自己,他们是我们完善自我人格的外界条件。

那些对我们生活造成动荡的人,让我们在每一个向外投射、向内映射的过程中,完成了对自我的观察。如果这样的生活动荡都没有造就我们,帮助我们向内观察内在的缺失和情绪背后的障碍,那这样的动荡不可避免地在我们未来的生活里还会继续发生,直到你无力应对。

谁制造了我们生活中的动荡呢?恰恰是我们自己。我们自己的一个意念、情绪背后某一种情感的缺失,更重要的是没有安全的爱,所造成的角色错位,都会造成生活的动荡。

我们不仅仅投射自己的美好,与美好对应的阴影也投射到了外界,很多自身的阴暗面我们都无法看到,我们自己眼中根本就看不到,很多人甚至屏蔽自己的阴暗面,他认为自己都是"伟、光、正",不是不愿意看到,有时是无法看到,有时候是不愿去注视,有时候是根本就不想去做。我们不想去做就把它消灭掉啊! 不! 他把这些通过投射的形式,注入我们的生活当中。

我们会从别人身上发现,我们越掩盖的东西,越容易在别人身上找到,这是一条颠扑不破的规律。你越能从别人身上发现多少种东西,越是在自己身上不断去掩盖这些东西,这很奇妙啊!

这些阴影,让我们憎恨、反感,引起我们心灵的痛苦,但是我们却不得不面对。在我们生活中引起痛苦的人、让我们烦恼的人,正是在反应我们看不见的自己身上的魔鬼啊!

从爱情的美梦到爱情的挫折,就是投射美丽和投射魔鬼的两个过程。这时我们不得不开始一场自我认识的历程。实际上谈一场恋爱就是一个人自我认识的蜕皮。如果一场恋爱下来都没有自我蜕皮或自我成长,这样的恋爱不叫恋爱,那叫动物性行为,纯粹只有生理欲望,加一点点所谓的情感意念。情感意念是为生理欲望服务的,这个是最短暂的。

在开始的时候,我们莫名其妙地对他们一见钟情,随后激情万丈地陷入爱情之中,不久就感到不可思议地变了。这些都是由于对方在改变吗? 还是我们的投射和映射的东西受到了挫败呢? 还是我们自己改变而不自知吧!

多数情况下我们不了解自己的真实面目,只看到自己的阳光面,看不到自己的阴影面。很多人看到别人的阴影,而看不到自己的阴影。不是看不到,而是忽略了或者说压抑、装作看不到自己的阴影。有些人更是不允许自己存在阴影,所以当他们带着我们的阳光一面出现的时候,我们马上就爱上了自己的影子,多阳光、多美好,那恰恰是你自己还没达到、渴望达到的。那负面的东西呢? 就是自己的阴影。你看那人多可恨、多可憎、多讨厌,实际上是不愿意揭开自己的阴影,而这些人是不是我们的一面镜子啊?

每个人都是我们生活中的一面镜子,其实每个人都是我们自己,为什么说众生一体？每个人表现的恰恰是你自己的那一面,这个人表现的是你的这一面,那个人表现的是你的某一面,我们也是别人眼中的某一面。我们开始真实地看到自己平日里看不到的阴影。

很多人如果不按照我们理想的方式去做事说话的时候,最亲密的爱人突然之间也可以变成可恨的魔鬼,我们感到自己被忽视、被欺骗,认为他们背叛了我们,实际上是我们不敢面对自己的真实面目。我们把理想的光环套在他们身上,要他们去帮助我们完成,我们自己在那里坐收渔利。他们完成了,我们就完成了改变,这可能吗？他们吃饱了,我们就吃饱了吗？

很多人总习惯在现实生活中去塑造、去改变,特别是在夫妻生活中,总想着去改变对方、塑造对方,种种要求、指责、谩骂都是因为对方拒绝做到、拒绝改变,所以生活的真实性就像照妖镜,我们不得不面对出现在镜子中的阴影和妖魔。

每场爱情的挫折背后都有伟大意义,懂得了意义,我们就不会无知地掉进同一个深渊。上次是这个问题,这次还是这个问题,那下次换了人就会换个问题吗？

其实,所有的问题都只有一个问题,只不过表达的形式不同,就是你对自我认知的问题,停止投射、映射、内射、外射。有人说达到这个层次不容易啊！那我们这么有限的人生来干吗呢？不是让我们来修行、来觉知、来成长的吗？那让我们来天天吃白米饭吗？如歌中所说的,希望有一个人慢慢陪着我变老,那是歌曲,谁能陪我们慢慢变老？第一个是时光,第二个是我们自己。我们要懂得从挫折中及早领悟自己人生的一课啊！

一个女人遇到爱情挫折的时候,由于投射没有成功,映射到的缺失没有得到满足,为了消融痛苦、弥补失落,所以她会迅速寻找代替的人,从一种关系迅速跨入另一种关系。那些情绪背后的所谓的爱,重新选择的背后,本体是自己的不被需要和价值感的失落。

不懂得爱,不知道爱是要爱什么。一个爱自己的失落,爱自己的阴影、自己的伤口、自己的价值的人,不会从挫折中领悟任何意义的人,回过头来还要说他人怎样,不关心他,即使与后来者结了婚,意识不到这一点,将来也会把阴影和伤口埋得更深。这个阴影不会自动消失,更不会任由他们压抑而无动于衷,将会以内射的方式重新唤起他们的注意。也就是说即使结婚生了孩子,只要有别人追求他,就会又一次掉到那个自挖自怜的陷阱里。所以,很多人出轨之后抛家弃子、无怨无悔,勇往直前,每一次都会用强悍的能量来震撼大家的心。

为什么?

爱恨情仇这种事情,每天在我们生活中以各种形式无数次上演,上演这些情绪情感的背后都是一个个的黑洞,这是在心理黑洞里塑造完成的。在其他的人际关系中也是一个道理。任何一种生命的历程,以及在我们生命历程中留下印记的人,都是有目的的,是帮助我们完成人生当中自我认识的,是带有神秘的人生使命的。

有时,我们反复遇到相似的人,他们重复地让我们接受同样的灾难,在我们的生活中制造着同样的麻烦,为什么?

这种人既是我们生活的老师,也是命运的信息,所有的事都不是无缘无故的,所以一切人际关系,都是命运的结果,性格决定命运。

大部分情况下,人只喜欢自己人格的明媚部分,不能接受自己的阴影。你接纳自己了吗?你接纳自己就是既接纳自己人格中明媚的部分,也能够完全接纳自己的阴影,也就是说,完完全全接受自己是什么样子,不给自己做任何的标签和评判。

如果不能把这些阴影协调到现实生活当中,就容易让我们产生里外两层皮,始终处于一种人格障碍之中矛盾纠结。我们就无法建立健康完整的人格,因为当我们假装看不见,或者无视自己阴影存在的时候,它们将通过外界的形式来引起我们的注意。我们可以把这些阴影外射归于他人,尤其是在爱情关系当中,对方自然成为我们阴影的映射,我们认为是他们造成了我们的痛苦。其实呢,他人就像一面镜子,来让我们面对自己的阴影,来完善自己的人格,痛苦的产生是我们所投射的意念、愿望借由他人帮助我们完成。

他们完成了,我们就以为我们自己完成了,这是不对的。许多人终生都在这个上面纠结,某一个人的离开、夫妻的离异造成他们整个人的精神崩溃,因为产后抑郁、亲人失去后的抑郁所造成的自杀,每年都有上百万人。

看起来是因为他人而自杀,不见得是!

外界发生的一切都不是偶然的,由于我们需要成长,我们存在的阴影在吸引着他们,他们的到来让我们感到痛苦的,恰恰就是我们应该学习的最重要的一课,也就是每一个来到我们生命中的人都是无缘不聚。没有一定的机缘是不可能聚到一块的,聚在一块的大家都是带着使命来的,都是我们最好的老师,尤其是带给我们痛苦和烦恼的人,让我们能够找到痛苦和烦恼背后的根源。

具有盲从心理、羊群效应的人,是最不会、最不想相信自己的思考的,他们总容易从众,觉得大众的、现成的东西才有效。

痛苦的同时也警告我们必须学习人生的智慧。我们之所以痛苦,并不是由于别人引起的,是我们自身存在的阴影。这些阴影存在于我们个人无意识中,可能是与生俱来的,也可能是我们早年压抑的不愿意回忆的记忆。我们压抑了多少东西,从小到大,我们回忆不起来了,不是你不愿回忆,是没有触到痛点,或者说你不愿意搬动。就像一座房子一样,你只要想打扫,都是有垃圾的。

那些被深深压抑着、隐藏着的阴影,只有当我们彻底认识、接纳,我们才能最终超越阴影层面。为什么?

因为这些东西都是带有病毒的,我们不把它挪开、不把它清扫掉,就会长期生活在这种病毒的干扰之中,还不知道这些病毒到底来自于哪里。我们关上门窗,总觉得我们就安全了,我们捂着耳朵就认为自己听不见、安全了，实际上，这些东西无时无刻不在跟我们作对，进行信息交流。我们真实的心念、情感的记忆经常被后天意识植入的合理化所掩盖、所替换，我们经历不好的事情，就会把它合理化，朝有利于自己的方向去解释，然后放在意识里聊以自慰、自我疗伤。但真实的事件早已被潜意识记忆，潜意识不会说谎，它真实地帮我们贮藏情绪，以梦的方式、以病痛的方式表达，矛盾纠结的人胃疼，这是提醒我们要去真实面对我们真正的需求，好好地去处理。情绪得到合理有效的尊重和正向释放，身体就会舒服健康。任何身体的不适和病症都是我们内心被扭曲的情绪在呼喊和求助啊！

身心是一个系统。比方说，遇到巨大的外来创伤、外在的刺激，大脑首先从大脑皮层开始(管理认知、情绪)，传递到交感和副交感神经，导致躯体的生理反应。如有人见到心爱的人心跳加快，有的人见到危险也是心跳加快、呼吸急促。

大把大把地吃胃药，却忽视、逃避了给自己压力和紧张的根源，皮肤上出现红疹子就是告诉你内心的愤怒。比方说喉咙不舒服、咳嗽，就要觉察自己的内在，问问自己有没有什么话想说没说出来。无论是自言自语，或者是心里想把那句话说出来，想想这些症状就很快消失了，你就不会向内攻击了。

世上本来就没有黑暗，我们向内观察，就像黑暗之中的一盏明灯，能让我们绕开总是绊倒我们的情绪，所有情绪并不是我们此时此刻、当下的情绪。

我们身体绝大部分的疾病是由我们的负面思想和情绪积累产生的，而不同的身体位置储存不同的情绪。我国中医的古老智慧早就说过，肾主恐惧，肝储愤怒，肺藏哀伤……所有的情绪的背后都指向我们内在的伤口，是在成长过程当中各种创伤的累积！

比方说，不准哭，不准发脾气，看起来是对孩子说的，实际上是自己触动了别人对你说的这些话的记忆，你又在向强暴者仿同，你又用别人指责你的话来对孩子,这不是病毒式的复制传播吗?那些口气都一模一样,你用这种仿同的方式来疗愈自己,来安慰自己心里那个弱小受伤的孩子,等等。这些被卡住的能量聚集在身体里,心灵被戴上了愤怒、怀疑、痛苦的有色眼镜,透过这样的情绪眼镜来看世界,大家看看,我们又会为自己重复制造不好的业力。

看这个社会,看这个世界,很多人都是从扭曲的内心世界、扭曲的记忆当中来看的,因为他那个扭曲的记忆就不是原本的事件,是被自己打上了标签的扭曲的记忆。

由于我们不能承受暴力、摧毁,我们总是给自己的经历重新植入扭曲的记忆、植入错误的判断、植入自我能够接受的现实,并为这些披上合理化外衣,因为我们害怕颠覆而不想唤醒真实的记忆,因为我们好不容易把经历过的东西合理化了。别人指出来,为什么有抵触呢?因为你不想唤醒真实的记忆,内心阻抗情绪痛点被按下、触动之后害怕被颠覆,害怕又找不到产生自我共情的记忆了。

所以,我们有时候用自己曲解的心,看待内外变态扭曲的世界,一方面,我们将内在的记忆变态扭曲,另一方面,我们还要尝试去改变它,改变这个世界来理解这个扭曲的记忆,别人一旦理解了你这个被扭曲的、标签的记忆,你就会觉得这个人真好;如果一个人不了解、不理解,而且要正向指出来,你就觉得这个人不怎么样。

世界不会被改变,世界不会让步,它还是原来的样子,唯一变化的是我们的心智和身体!指出我们缺点的人我们不去感激,还烦恼、愤恨,我们怎么会去改变进步?

不改变,人怎么进步呢?

人生不能回头。因为当我们回头看的时候,一切都晚了。

身体模块

一、一体二为三力四习（和合部分）

一体二为三力四习

1. 心力一体

心和力是一体的，和合一体。身体模块呈现的是合作与分离。比方说，"身未动，心已远"就是身心分离状态。

身体的内阻力、内抗力、内应力、内动力、内张力、外压力、外驱力、外应力、外抗力、外动力，表现出个体的心力能量或中和、或放大、或缩小的波动反应。当你的身体不动，你的心在动，这时你已经在耗费自己身体的能量与元气。因为你的意念已经跟你所想象的那个人、那个事产生联结。我们不要觉得我们的心在这里想想，身体又没动，有什么关系呢？有关系。你心念上的联结、意念上的联结是最高层级的能量联结，会耗费我们最宝贵的元气，身体上的联结有时候还只是一种生物间本能的身体层次的能量联结。

怎么做到一体呢？

就是身动心也动，身不动心不动，心不动身也不动，身不动心也不动。

这就是合作,很多时候我们确确实实是把身和心分开的,我们需要这个身体的时候对它又是打扮又是爱护,按照自己的意愿,全然不顾身体本身能量蓄积和能量释放的波次和频率,经常虐待身体,以所谓爱护身体的方式虐待身体。如头脑里面放电、感觉兴奋,身体要睡觉不让它睡,这就是心力分离的状态。然后第二天、第三天没精神,身体的反应出来了,当时的反应没释放,它来个缓慢释放,"红颜易老",为什么易老? 就是经常将身心处于非合作而常分离状态! 身体的健康在于柔软的身段、柔软的心语、柔软的个性、平衡的系统。真正的快乐则来自一颗宁静的心。

2. 能动二为

二为分有为和无为,有为分主动与被动;无为是顺势与顺为;二为在交叉中变通和转化。

心力里面耗的是能量,能量有阴和阳、善和恶、正和负。

有为是主动的、向上的,也有被动有为的,是被别人提着、拉着走的。只要你走,最后被动变主动,也很好。无为是顺势而为。很多人逆势而为,水要往下流,你硬要逆流而上,那你就得比平时多用几倍的力,反而吃力不讨好。什么叫借力而为呢? 逆水行舟和顺水行舟哪个省力、哪个费力呢? 不言而喻。所以,凡是在社会上也好,在干什么也好,都要顺势而为。顺势顺为在交叉中变通和转化。

3. 化学三力

化学三力指平衡建设力、自然爆发力、意念破坏力。

平衡建设力——和而不同:我们跟别人的意见中和,但是我们的方法可能跟别人的不一样,这就是和而不同。在一个意见指导下,会有多种不同的表现,就像罗马只有一个,但是通往罗马的路不止一条一样,这就是和而不同。

自然爆发力——斗而不破:凡是情绪的释放也好、情绪的蓄积也好,我们要斗而不破。比如,小孩哭闹,因为没有奶喝也没有糖吃,给他一颗糖吃,即使没有给他奶喝,他马上就笑了。

意念破坏力——破而不和:我们内心当中藏着一个有毒的意念,我们破坏的不仅是我们自己的磁场,还破坏了周围好多好的能量向我们的输入,这个叫破而不和。为什么很多人一旦有了恶念,他家的风水磁场都会坏,自己家的物件也会坏?是因为与意念联结的场里面有强烈的破坏性。身体上就会表现出很多的病痛,也会不合作,为什么呢?身体不希望这样做啊。这样做对它是伤害,但是你意念上又强迫它做,怎么办呢?它不跟你合作,不是这疼就是那疼,提不起精神。

4. 习得、习惯、习气、习性——身体模块四习联动

身体模块有四习,"习得、习惯、习气、习性",是人格模式十六根支柱中的四根。四习通过人的语言和行为,很好地体现人的认知、情感、情绪所要输出的内容,同时化合出十六根模块支柱。

强化性习得;弱化性习得;同化性习得;异化性习得;习惯性强化;习惯性弱化;习惯性同化;习惯性异化;习惯性内射;习惯性外射;习惯性映射;习惯性投射;强化性习气;弱化性习气;同化性习性;异化性习性。

身体模块是心理特性的外显,通过言语表情、动作行为以及各种身体微语言直接呈现人的心理状态,反映人对人、事、物的认知、情感、情绪,表达合作与分离的心理行为倾向。

心理特性里面有潜意识能量流,而这些能量流经过意识的压抑和意识的分流,很多的信号有时候释放不出来,但是身体知道。比方说,我们内心当中对一个人生气,意识压抑不让表达,潜意识里面这些能量却在导引,怎么办?手会出汗、心脏跳动加快、血管增粗,这就是潜意识对压抑在潜意识里负面能量的一种释放。释放能量,既是心理意识特性的外显,也是潜意识身体本能的释放。这样就是通过言语、表情、动作、行为以及各种身体微语言直接呈现人的心理状态。

心念在那里,命运就在那里。念头是开关,一开是光明,一关是黑暗!四习里带有认知、情感、情绪的总的输出开关,使人通过身体的言行与表达、合作与分离的表现,将人的认知、情感、情绪全息地表达出来。

在身体模块中,习得为阴,习惯性表现为阳;习性为阴,习气化表现为阳。习得通过习惯表达,习性在习气上面体现出来,一阴一阳,一个是外显,一个是内隐,内隐通过外显表达,外显通过内隐进行累积和导引,一个是信息储存,一个是能量体现。

为什么习得为阴呢?因为习得性的东西它是积累而成的,表现一点才露出一点,就像百宝囊一样,你掏出一点是一点,没掏出来,你也不知道里面装的是些什么东西。

习得性的东西久而久之会成为习惯,久而久之,习惯会成为习性,"江山易改,禀性难移"。习气性的东西在习惯中也会表现出来,习惯和习性之间是相互转化,密不可分的。习气从习得而来,长期沿袭,习得也会变成习气,习气和习得之间也是相互转化的,我们可以透过习惯看习得,可以透过习气看习性。四习就是这样一个相互联动、相互转化的关系,表里互应,阴阳互动,相互联动而不可分割。

习得: 就是习惯性得到,有意识或者无意识通过学习、模仿、练习将外在的知识、经验、模式等内化于心的过程。习得有无意识习得和有意识习得。习得可理解为人类文化在被主体消化、积累、运用乃至创造性的发展过程中,人格的心理特性和心理构造得以发生、发展。

习惯: 是在早期成长环境中逐渐养成,而不容易改变的言语和行为。是将自己的知识、经验、模式等通过不容易改变的语言和行为表达出来的现象。还泛指积旧俗而养成的生活方式。

习气：是逐渐形成的习惯或作风。是将已形成的经验、模式、个性等通过言语表情、动作行为自觉或者不自觉表达出来的习惯或作风。佛教谓烦恼的残余成分。佛学认为一切烦恼皆分现行、种子、习气三者,既伏烦恼之现行,且断烦恼之种子,尚有烦恼之余气,现烦恼相,名为"习气"。

习气和习惯是和而不同,有和的成分,但是其表现方式不同。比方说土匪习气、文人习气。这个习气更多地表现在言语表情、动作行为。习惯表现为不容易改变的很多现象,是一种现象。

习性：是个体或者群体在生存发展的某些条件和环境中长期养成的特性。习性有先天的也有后天的,有群体的也有个体的。如《北史·儒林传序》云："夫帝王子孙,习性骄逸。"唐·杜甫《送李校书二十六韵》云："小来习性懒,晚节慵转剧。"在佛学中又名习种性,即以前研习所修成的性。

群体习性中群氓习性表现明显,群氓习性戾气很重。群氓习性的特点是不敬畏生命、漠视生命、依真起妄、以妄为真,把金钱物质看得比生命还重要,践踏他人的人格尊严,看客心态,等等。习性体现在个体或者群体于生存发展的某些条件和环境中长期养成的特性中,有先天的和后天合成的基因文化传承。

二、身体模块的 16 化及对应的 16 种人格模式

强化性习得(攻击型人格)

个体高度认同他人,有意识或者无意识地将他人的知识、经验、模式等内化于心的过程。比如妈妈是老师,孩子从小看到妈妈每天晚上看书、备课,认为这样很好,喜欢妈妈每天看书的模式的孩子就会内化于心,习得每天看书的模式。这就是强化性习得。

所对应的人格模式:攻击型人格。

他们在行动之前有强烈的紧张感,行动之后体验到愉快、满足或放松感,无真正的悔恨、自责或罪恶感。

弱化性习得(顺从型人格)

个体不认同或者是消极被动认同他人,有意识或者无意识地将他人的知识、经验、模式等内化于心的过程。比如一个孩子不喜欢英语,如果父母经常把他放在一个说英语的环境中游戏,他也会无意识地学习内化一些英语,有时还能脱口而出几句英语。这就是弱化性习得。

所对应的人格模式:顺从型人格。

他们总是在察言观色,看着别人的脸色行事,他们的精力总是集中在如何能够吸引别人的注意力和关注上。

同化性习得(强迫竞争型人格)

个体认同他人,同时淡化他人对自己的影响,有意识或者无意识地将他人的知识、经验、模式等内化于心的过程。如经由观察模仿,将别人的东西变成自己的东西。这就是同化性习得。

所对应的人格模式:强迫竞争型人格。

他们会是一个狂热的竞争者,往往事业成功,蔑视道德,缺乏同情心,总是指责别人不努力、太笨。生活的一切目的就是竞争,竞争,再竞争。只有在不断的竞争中获胜,才能维持他们脆弱的自尊心和自信心。

4. 异化性习得(反社会型人格)

个体不认同他人,并将其不认同的社会角色放大后呈现出来,有意识或者无意识地将他人的知识、经验、模式等内化于心的过程。比如个体通过感受、耳濡目染,无意识地就学习内化了自己意识上反感、反抗的父母对待自己的、家人的方式,却在潜意识导引下不知不觉地照搬并加以外化沿袭。这就是异化性习得。

所对应的人格模式:反社会型人格。

他们往往会无条件、无原则地对坏人和对同伙的引诱缺乏抵抗力,对过错缺乏内在歉疚心,冲动和无法自制某些意愿及欲望。成年后,无法确认自我,情绪不稳定、不负责任、撒谎欺骗,又泰然而无动于衷。这样极易形成反社会型人格。

习惯性强化(强迫型人格)

个体通过自我或者社会高度认可的知识、经验、模式来增强某种行为的生活方式。如孩子的某一言行受到家长或者老师的认可、赞扬,孩子就会有意无意地提高这一言行发生的频次,而且每次孩子都会有欣喜的感觉,这样孩子更加会习惯性地强化这一言行。这就是习惯性强化。

所对应的人格模式:强迫型人格。

他们往往害怕改变与消失,死守着熟悉的事物,完美谨慎、自我保护、令人信赖、节约吝啬、洁癖强势、追求向心力。这样极易形成强迫型人格。

习惯性弱化(巧妙妥协型人格)

个体通过自我或者社会不认可的知识、经验、模式来减弱某种行为的生活方式。比如某一孩子,其母亲经常拿他和其他孩子比较,并经常责备这个孩子,这孩子就会习惯地认为自己没用、没他人好,身体动作上表现得不自然,内在被认可的需要无法得到满足,就会表现得郁郁寡欢,长大后自然人际关系也会亮红灯。这就是习惯性弱化。

所对应的人格模式:巧妙妥协型人格。

成年后,他们总是回避做出决定,却对别人的决定充满了不满或敌意,而且常常抱着幸灾乐祸的心理,缺少同情心和良心,回避一切竞争,却总是在抱怨不公平。

习惯性同化(追求型人格)

个体养成的淡化自我或者社会认可的知识、经验、模式对自己的影响,将其内化为自己的经验,自我认定,并以自我包装后的形式表达出来的生活方式。比如有人坚持看书,他习得了曾国藩、王阳明的习惯,把这些人的习惯变成了自己的习惯。这就是习惯性同化。

所对应的人格模式:追求型人格。

他们很少抱怨生气,总是努力抑制自己的不快,习惯于看别人的眼色,生怕对方不高兴。

习惯性异化(回避型人格)

个体把自我或者社会不认可的知识、经验、模式放大后表现出来的生活方式。比如在一些交通事故现场,我们很容易看到双方车主一下车就相互攻击对方,责备彼此的不是,习惯性的异化他人,减少自己承担所犯过错的内心恐惧。这就是习惯性异化。

所对应的人格模式:回避型人格。

他们往往过低估计自己,产生无能而痛苦的感觉及自卑心理。他们对感情是矛盾的、不专一的,最喜欢那种来去自由的关系。

习惯性内射（孤独型人格）

个体吸收周围世界的各种感觉、欲望、观念和情绪态度来形成自己的认知和由此强化自己言行的生活方式。比如孩童时候，个体从父母和家庭环境里毫不怀疑地接受和相信一些是非观念及宗教概念。这就是习惯性内射。

所对应的人格模式：孤独型人格。

他们一般多表现出一些如冷漠甚至冷酷的性格，缺乏对生活的兴趣和追求，总是回避过多的亲密接触，显得似乎很独立。

习惯性外射（自恋型人格）

个体有了过错不责备自己，却常推过于人，避免面对丧气的人与事及对这些人与事所采取的破坏行为产生罪恶感。比如：在婚姻关系中，妻子会说："是啊，我知道我是个爱唠叨的人，但那是因为他总是用一层感情的外壳罩住他自己，我不得不唠叨以便与他交流。要不是因为他的外壳，我才不会唠唠叨叨的。"而丈夫说："对了，我知道有层外壳罩住了我，但那是因为她的唠叨，我不得不用这层壳来保护自己。如果不是因为她是个唠叨的人，我就不会有这层壳。"一个没完没了的循环游戏。这就是习惯性外射。

所对应的人格模式：自恋型人格。

无根据地夸大自己的成就和才干，认为自己应当被视作"特殊人才"，自己的想法是独特的，只有特殊人物才能理解。他们以自我为中心，他们的行为实际上退化到了婴儿期。

习惯性映射（癔症型人格）

个体因外在的人、事、物，映照出自己内在的认知、情绪、情感及原生事件，表现出或痛苦或悲伤，或高兴或快乐的生活方式。比如生活在异国他乡的人看到自己家乡的电影、听到家乡的音乐，就会映射出他在家乡时的温馨和快乐，乃至对此电影、音乐爱不释手。这就是习惯性映射。

所对应的人格模式：癔症型人格。

他们的情感活动几乎都是反应性的，高度的以自我为中心，喜欢别人的注意和夸奖，只有投其所好和取悦一切时才合自己的心意，表现出欣喜若狂，否则会不遗余力地攻击他人。

习惯性投射（忧郁型人格）

个体将自己身上所存在的心理行为特征推测在他人身上。比如在亲密关系中，相互不理解，将自己的模板投放在对方身上，内在价值感认为按照自己的方式才是安全的、可行的。这就是习惯性投射。

所对应的人格模式：忧郁型人格。

他们经常情绪低落、消极、沮丧、退缩，生活缺乏激情和热情，表面上沉着冷静或稳重，几乎不谈论自己，周围的人也很难了解他们的内心世界。

强化性习气（偏执型人格）

个体将自己已形成的经验、模式、个性等通过言语表情、动作行为，以较强大的心力能量自觉或者不自觉表达出来的习惯或者作风。比如挥金如土、一掷千金、穷奢极欲等就是强化性习气。

所对应的人格模式:偏执型人格。

他们的思想行为多固执死板、敏感多疑、心胸狭隘;爱嫉妒,对别人获得成就或荣誉感到紧张不安,妒火中烧,不是寻衅争吵,就是在背后说风凉话,或公开抱怨和指责别人;不能正确、客观地分析形势,有问题从个人感情出发,主观片面性强。

弱化性习气(分裂型人格)

个体将自己已形成的经验、模式、个性等通过言语表情、动作行为以较弱小的心力能量自觉或者不自觉表达出来的习惯或者作风。比如有些人和领导说话时,眼睛总是盯着自己的鞋,怕他人的目光,在他人面前不能自然,说话没底气,支支吾吾。这就是弱化性习气。

所对应的人格模式:分裂型人格。

他们害怕把自己交出去,独立冷静;害怕与别人亲近,敏感、冷漠、猜疑;把自己的投影视为真实情况,不沟通、逃避、特立独行,喜欢把自己藏起来,以自我为中心。

同化性习性(古板型人格)

个体或者群体养成的淡化自我或者社会认可的知识、经验、模式对自己的影响,将其内化为自己的经验,自我认定,并以自我包装后的形式表达出来的特性。比如人类的无私大爱、守望相助、血浓于水的群体习性,属于同化性习性。

所对应的人格模式:古板型人格。

这类人性格固执,通常以自我为中心,缺乏灵活性,较少有感情的自然流露,缺乏同情心。他以自己的"精确的计算能力"和"逻辑性思维"以及高度的理智为骄傲,而以流露内心情感为耻。

异化性习性(依恋型人格)

个体或者群体养成的对自我的角色身份不认同,并将不认同的社会角色放大后呈现出来的特性。比如红脸恐惧患者从童年开始就性格内向、害羞,长大后在生人面前不能应对自如,战战兢兢,易产生自我悲观的情绪。属于异化性习性。

所对应的人格模式:依恋型人格。

这类人对亲近与归属有过分的渴求。

交流分享

电影《原乡人》中的身体模块十六化表现赏析——

钟先生在日本学习,受的日本教育,习得一口流利的日文(强化性习得),与他家乡的平妹相好,却因为同一个姓,被父母反对,因为这是群族里的规矩(习惯性内射)。后来钟先生由他的二哥引荐,跟随二哥去了原乡,待他安定下来,回来接了平妹一起,走进了原乡。刚进入原乡的时候,原乡的人们习惯性地投来异样的目光,说道:"这对新来的小夫妻不像是本地人。"(习惯性投射)他们在这里租了一间屋子,住了下来。有个大娘很照顾他们夫妇,大娘问平妹:"你们不是本地人,为何来到这里?"平妹停顿了些许,不知道如何告知,害怕被人嘲笑的情绪记忆(习惯性映射)出来,又因为提前被告知这里的人没有瞧不起同姓结婚的观念,平妹回答说:"在我们那里,同姓的结婚是被人笑话的,你们这里也会笑话吗?"(习惯性内射)

就这样,平妹与钟先生一住就是几年,也入乡随俗地融入了这样的生活(同化性习性)。他们租的大院子里住了好多外乡人,都比较贫困。房东是个五十岁左右的妇女,每次来收租,院子里的人交不起房租,房东都会尖酸刻薄地骂一通(习惯性外射)。钟先生从小就喜欢写作文,喜欢记录,每次都会将这些刻薄的言语记录下来(习惯内内射)。

"一个人只为了生活,一日三餐,做什么都可以,可这有什么意思呢"?后来,钟先生选择了他的理想——写作。在来原乡之前,为了谋生,他选择了个谋生的活,应聘做了司机。有一次,他被安排接送的是一位母亲和她的女儿,还有一个日本人。母亲为了一己私利,将女儿嫁给厌恶的日本人(习惯性异化),女性在当时没有反抗的能力,女儿哭着不去,但也不得不遵从(异化性习得)。日本人当时就动手打了那个姑娘(习惯性映射),而钟先生见这一幕,他立即停下车,将车上的三人轰下车(习惯性投射)。后来又有一次因同事说司机跟妓女无区别,都是服侍大爷的,他听后,扔了钥匙就不干了(习惯性映射)。就为这,他失业在家,开始了他的写作。

有一次,他同事被安排去送当地的保安队长及他的夫人,途中有厚厚的积雪,车子抛锚,队长夫人目中无人地责骂道:"这么冷的天让车子坏在这里,害我受冻。"(习惯性异化)队长也下来责怪司机的不是,司机反驳队长:"在我们这些人面前装大爷,见了日本人连狗都不如。"(异化性习气)此时钟先生正好遇上这事,他前去跟队长说好话,让队长包容,因此队长觉得他不错,半夜里去钟先生家里,邀请钟先生去他的保安队谋职,遭到钟先生的拒绝,保安队长原形毕露:"有多少人想去我的保安队,我看你老实,信得过你,你还不乐意,我给足了你面子,莫名其妙。"他嚣张跋扈,气势逼人。(习惯性映射)

钟先生开始了写作生涯后,平妹担起了家里的生活重担,含辛茹苦。他们有了五个孩子,而钟先生又得了肺病,差点丢了性命。他的大儿子在这个过程中虽说的不多,但是看到家里的境况,也在不自觉中承担起了父亲的角色。(习惯性异化)在钟先生的作品一次次被退回的时候,他放弃了写作(异化性习性)。

问答录

师：身体会不会撒谎？

生："不会""很少会""身体不会撒谎"。

师："身体不会撒谎"，对谁不会撒谎呢？它的主体是谁？

生：对自己。

师：对自己的什么呀？

生：对自己的心。

师：心又在哪里呢？

生：对自己的感觉。

师：感觉又在哪里呢？

生：真我。

师：真我又在哪里呢？终于有人说"身体会撒谎"。那身体又是怎么撒谎的呢？

生：妈妈咳嗽，喝药就感觉好了，但其实没有好。转移到皮肤问题上去了。

师：身体会不会骗我们呢？比方说，有的人想去做一件什么事，身体却不想动，思想里想着去看书，但是身体却想睡觉。这种矛盾的时候该听谁的呢？我们总是说要倾听内心当中自己真实的声音，那这个时候听谁的呢？

我们有时候一定要听身体的，因为你想看书，你想去做点事，是我们心识里的一个念头而已。

身体是承载心和灵的载体，念头可以转可以换，但是我们身体的能量蓄积到它累了、困了、乏了，就有一种本能反应。比方说，我们有时候与朋友促膝谈心，我们有时候脑子很兴奋、心里很舒服，感觉很好，但是身体却不舒服了，有时回到家睡了很长时间都还恢复不过来。所以身体不会骗我们，因为身体比脑袋更有智慧。

问:性格是由许许多多的性格特征所构成的一个统一体吗？

答:主体型人格和辅助型人格是混合在一起的统一体,在某一个时间段,辅助型人格可以转化成主体型人格。在另外一个时间段,主体型人格又会转化为辅助型人格。

比方说,依附型的孩子从小追求爱,日后就会成为依恋型的成人;攻击型的孩子,对没有感情的人会抱有强烈的敌意,为了与大人抗争,不惜破坏物品,这样的孩子在日后就可能成为攻击型成人;一些在现实生活中自闭型的孩子,只生活在自己的世界之中,日后极容易成为孤独、自闭型成人;活泼的孩子对运动的物体充满了强烈的好奇心,对于静止的事物就不能过多地关注,不愿意重复枯燥的练习。

性格是怎么形成的呢？是多方因素的统一体与合成体。很多人认为性格是天生造就的,甚至是不可改变的,其实人的性格与人的生理素质基础有一定的关系,但是与人所生活的社会环境关系更大！

有一位思想家说过,人的性格是先天组织与人在自己的一生中,特别是在发育时期所处的环境这两方面的产物。

那发育时期是什么时候啊？实际上就是原生家庭。这个观点跟巴普洛夫关于性格是先天的神经类型与后天形成的暂时神经联系之间的合金思想类似。

合成体第一个是生理因素与性格,第二个是家庭因素与性格。家庭是制造人类性格的工厂。

家庭的影响表现在哪里呢？家庭作为社会的基本单位,其影响表现在父母的养育态度、家庭的气氛、儿童在家庭中的地位以及家庭的社会经济状况等等方面。如果把父母对儿童的教育方式分为民主、溺爱和专制三种,那么民主家庭的孩子可能表现为亲切诚恳、讲礼貌、有很好的独立性和协作性、社会适应能力强等性格特征。而专制型的家庭的孩子可能表现为怯懦、盲从、缺乏自信,往往以说谎自慰。溺爱型的家庭里,儿童表现为自私、任性、好吃懒做、缺乏独立性、胆小怕事。和睦亲切的家庭氛围有利于儿童良好性格的形成,破裂离异的家庭不利于良好性格的培养。

人格还与人的性格与气质相关,如黏液质、胆汁质、抑郁质、多血质,还与性格归类相关。

第一个是心理优势,心理优势里面分理智型、情绪型、意志型、理智兼意志型。理智型的人是以理智衡量一切并支配行为;情绪型的人就是情绪体验比较深,行为容易受情绪影响;意志型的人有明确的目标,意志坚定,行为主动;理智兼意志型的人是理智兼有意志型的特点。

第二个是指向性,指向性里,一个是内倾型,如自我陶醉,喜欢自己沉思,不关心外部世界,对人比较冷淡;一个是外倾型,如对外界的人与事感兴趣,有极大的参与热情,容易受外界影响。

第三个是个性的独立与否,如独立型的人有主见,善于独立思考;顺从型的人易受暗示,易慌乱,常会附和他人。

另外,观察性格的入口是情绪特征。

问:性格形成还会不会改变呢?

答:性格可以随着环境的改变而改变,为什么我们说主体人格可以变成辅助人格,辅助人格可以变为主体人格呢?外部人格可以变为弱化,回到家里,这个弱化的人格又会得到强化,所以这个性格是多重下的统一体。

问:怎么样塑造自己的良好性格呢?

答:一是要扬长避短,二是重在行动中觉察改变。

扬长避短就是克服性格的弱点,重在行动,要有韧劲,要有足够的毅力!克服性格弱点,还要正视自己的性格弱点!承认它是为了克服它、改变它,你自己都不承认,你会去克服吗?你会去改变吗?

如何培养良好的行为习惯？加强自我修正！

身体模块里有个习惯，因为改变习惯就能改变性格，从改变习惯到改变性格是培养良好性格的重要途径，塑造良好性格的关键在于努力培养自己良好的生活习惯，很多人改变不了，说我已经习惯这样了。那你还想改变性格，还想改变人格？那你怎么改变？

我们可以通过对他人的解读和审视，反向内观，可以照见自己的问题所在！带着看客的心态去看他人的缺点，带着窥视的心态去看他人的伤疤，而忽略了对自己的反向观照，这些都不利于自我成长！

积极参加集体活动就能利用集体教育的力量培养自己优良的性格。良好性格的塑造，就是对现实的态度和行为模式的结合，现实的态度是接纳，还是逃离，都很关键。

角色不明，关系不清。

角色归位了，我们才能做到时时刻刻向内观照，做好自己。

问：根据向心力和离心力不均衡的情况和程度产生不同的人格。而由于向心力和离心力不断变化，体内的大化学也不断变化，显现出个体人格上出现主体人格和辅助人格的相互转化，是这样吗？

答：向心力和离心力产生变化，就会出现主体人格和辅助人格的相互转化，这个是精髓。所谓生本能、死本能、性本能实际上是一个本能，有时作为三种表现形式出现，实际为一种原型，一个本能里阳中摄阴，阴中含阳。在阴与阳的化合中，出现各种不同的人生状态。恐惧原型不能转化就是阴盛，人格发展多为负面；阴阳合和为性本能，人格发展多为中道；恐惧原型得到转化就是阳盛，人格发展多为正面。

问：向心力和离心力的变化对人的场能是如何产生影响的？

答：阴阳互有周期。阴时不养阴，耗阳；阳时不养阳，耗阴；不与自然同步,不与规律同步,向心力和离心力的化合反应可以缩短或者延长生命周期。

离心力是假想的惯性力,许多人以假体为真,发展出许多负面人格。向心力是自然真实存在的力,这个就是按照本心对应自然天道。许多人扭曲向心力,以离心力为主,长期扭曲下去,向心力自然会发生导向纠偏作用,两股力量会发生激烈变化,有些人一下醒悟得到纠正;有些人依然故我,我行我素,自以为是,最后因强大的内在冲突形成身心人格等障碍,出现夭折、病死等。

问:不平衡是不是就会有很多变化,而且都是负面的变化?

答:是的。不平衡就是负面的变化,有个成语叫,离心离德。德是自然之道,所谓道在德中,德化人心。道德就是这样来的,厚德才能载物,保持向与离的平衡,也就是阴与阳的平衡,所以说"一阴一阳之谓道"。

未受观测的情绪让身体迅速做出反应。情绪的连续性又会把能量反馈给情感以及制造出它的源头——思想,从而使得未受审查的思想和情绪之间恶性循环,创造了更多情绪化的思考以及情绪化的杜撰故事。

认知上的思想有时存在于一个语言未及的阶段,往往处在未说出口的内在誓言和无意识的假设之中。如,"人都是不可信赖的""没有人尊敬我和感激我。我必须要奋斗才能生存。感情总是让人失望。我不配得丰足。我不值得爱。"无意识的假设在身体创造了情绪,然后又制造心智的活动以及立即的反应实相,自导自演,自以为是,自作自受。

几乎每个人的身体都处在很多的紧张和压力之下,而源头恰恰不是外在因素的威胁,而是从内在的心智心念而起,因所有功能失调的思维模式而使得负面情绪之续流同步伴随着不间断的、强迫性的思想续流,从而使得人生的变化方向被导向一条错误的河流。

问：潜意识真的能够指导我们吗？

答：著名的心理大师埃里克森强调潜意识是储存各类回忆与技能的宝库，即使经历数十寒暑，年代久远的知识讯息也能呼之即出。他相信潜意识必定能够在正确的时机产生恰当的回应。他曾偏好引用威尔·罗杰斯的名句："替我们招惹麻烦的并不是我们不知道的事物，而是我们自以为知道的事物。"埃里克森不忘再多加上一句："那些我们明明早有认知，却自以为一无所知的事物为患更大。"

到去世前一周，他还是过着积极不懈的生活。很多人都将自己的一些"问题"视为敌人，试图消灭它，但埃里克森反而会建议他们接纳"问题"，同时用更优雅的方式去和"问题"共舞。

其实，"内在的身体"并不受自己支配，我们面对它时，重要的是信任，而非指手画脚。全然放松状态下，埃里克森心中映现出儿时摘苹果的画面，这一画面是自然呈现，是埃里克森的内在灵性——我们每个人都有的内在灵性自然流动的结果。当你不知道该怎么做时，试着放松下来，对内心深处的潜意识说，请你教我。

"我们的一生好比是一艘漂浮在海面上的小船，我们都在努力奋进，让自己生活得更美好，可是，很多人都没有意识到，我们不仅是漂浮在海面上，更是漂浮在一股巨大的洋流上，如果你意识不到这一点，即使你再努力，也可能会偏离方向。"这说的就是潜意识的作用。潜意识能够在很大程度上决定我们的一生，我们对人生的选择、对人生方向的把握以及对生活中种种事件的掌控，大都与它有关。有很多人，一生都不曾认识和了解自己的潜意识，始终被一种错误的观念所控制而不自知，始终生活在一种困顿与错误当中。积极地认识、改变和利用潜意识，才能从根本上改变你的人生，获得幸福生活的力量。

1. 潜意识的投射作用

潜意识对我们最大的影响就是投射作用,我们常常会在不知不觉之中用某种特定的态度、特定的方式去生活,这就是潜意识在底层层面上发挥着作用。内心有着怎样的情绪、情感,对待生活就会有怎样的态度,内心快乐的人,对待生活必然是豁达开朗的,遇到困难也不会觉得难以逾越。内心忧虑的人,对待生活必然是忧愁黯淡的。充满自信的人,即使经历了很多失败,仍然不会失去继续努力的勇气。而胆小自卑的人,即使取得了很多成就,仍然不能相信自己。从现在开始就改变你,改变你底层的观念,消除那胆小、软弱、卑微的成分,当你以自信、勇敢、充满活力的目光去看待每一件事物时,你的生活就会发生变化。改变潜意识,让你的每一天都在积极的心态中度过。

2. 多做积极的自我肯定

改变自己的潜意识,最大化发挥能量,首先就要学会自我肯定,我们的思想确定可以接受各种形式的暗示,从而让我们做出种种意想不到的举动来。只要你总是用积极的信号引导自己,告诉自己"我能行""我可以做到",那么你自身的潜能就有可能被激发出来,你就有可能取得成功,实现你的目标。越是肯定自己,你就会变得越强大;越是否定自己,你就会变得越消极胆小,你的能力就会渐渐消失。

3. 学会面对挫折

生活的挫折与不如意是一种常态,面对它们时不能够任由消极的情绪蔓延,而应以一种积极的态度待它,这样你才能够发挥出自己的能量,取得种种成功。一定要学会面对挫折,潜意识会因为你的心理承受能力的提高而变得强大。如果你总是唉声叹气,觉得事事不如意,那么潜意识的能量就会萎缩,无论你有什么也发挥不出来。如果你是乐观的、积极的,遇到困难也不觉得有多难,那么你的潜意识就会成长,越来越强,为你的生活提供巨大的心理支撑。这样你不仅能够改变自己的性格,你生活中的种种愿望也会因此实现。

两个基本事实提醒人们:你的大脑功能由意识和潜意识构成;你的潜意识总是不断地听从暗示,而你的潜意识完全控制你的身体功能、状况和感觉。几乎所有的病症都可以通过暗示的诱导,在受试者身上产生效果。

潜意识不断地服从于暗示的作用;潜意识能控制身体的各功能、感觉及状况。所有这些现象都反映了暗示的作用,也证实了"你就是你想的"这一事实。

要经常提醒自己,治愈的力量在你的潜意识里。要知道,信仰如同栽在地里的种子,各按其类生长。将自己的想法或主意(种子)栽在心里,浇水施肥,期待它成长,它会有结果的。

所有疾病均源自于内心世界。

如果内心世界不做出反应,身体是不会生病的。

几乎所有的病症都能在催眠状态下通过暗示引发,这表明了你思维的力量。治愈过程只有一个,就是信仰;治愈力量也只有一个,就是你的潜意识。

不管你的信仰目标是真的还是假的,你都会有结果。你的潜意识对你心中的想法会做出反应。寻求信仰,存在心中,就行了。

希腊德尔菲神庙有一句铭文"认识你自己"。

哲学家苏格拉底将其作为自己的座右铭。神庙里的这句话无非是要警告世人:从入口再踏进一步就是神的领域。尽管在人间里人类是多么叱咤风云,在神的眼中看来,不过如砂粒般卑微渺小。要进入神的世界时,你们最好先认清自己。

其实,这句话的原意是:要了解你们自己!要了解自己什么?又如何去了解？应该怎么做才好？

"我是一个上班族,薪水马马虎虎,长相普普通通。有一个太太、一个小孩,血型 O 型……"像这样从表面上来看也是了解自己,但苏格拉底是说:把"自己"和"自己的所有"严格区分开来。不管是身体也好,长相也好,或是财产、地位、妻子……这些都是"自己的所有"——属于"自己"的外在罢了。比较起来,"自己"当然比"自己的所有"重要才是,但愚痴的世人总是先想到"身外之物",这实在是一种颠倒的行为。

记得苏格拉底告诉我们的是:不要再做愚蠢的行为,当先把握住"自己",至于"自己的所有"应是次要的。只有爱上自己,才可能爱上别人,否则对别人的爱,不是真正的爱,是一种索取和交换。因为每个人都是自己。

学习分享

人格是各种心理特性的总和,也是各种心理特性相对稳定的组织结构,构成一个人的思想、情感、情绪和行为的特有统合模式,这个独特模式,包含了一个人与他人相区别的相对稳定而统一的心理品质。(说明:在三元四相位人格模式系统中,我们把人格看成和"个性"互通的概念,在分析人格的结构时,把能力放在人格概念之外。)

三元四相位人格模式系统以系统观看人的个性形成,把人格的形成放在天地宇宙的规律系统和社会的大秩序里来认知,大系统里有小系统,个性人格系统就是天地人大系统中认识人的心理特征的子系统,包含认知、情感、情绪、身体四大模块,一中含四,虽四而一,不可分割,任何一个模块都全息了人所有的心理特性。我们从认知的角色与关系、情感的需要与价值、情绪的安全与联结、身体的言行与表达、合作与分离的联动分析,就可以整体认识和把握一个人的个性特征以及言行表达方式。

在整体的"一"这个大系统里面,有阴阳两股能量和合变化。人格系统理所当然地全息了大系统的规律,四大模块是阴阳结合的,有一个外显,就必有一个内隐。在四大模块中,认知、情感是内隐的,属于阴,情绪、身体是外显的,属于阳。

身体模块是心理特性的外显,通过言语表情、动作行为以及各种身体微语言直接呈现人的心理状态,反映人对人、事、物的认知、情感、情绪,表达合作与分离的心理行为倾向。

身体模块有四习,"习得、习惯、习气、习性",是人格模式十六根支柱中的四根。四习通过人的语言和行为,很好地体现人的认知、情感、情绪所要输出的内容,也就是说四习里带有认知、情感、情绪的总的输出开关,使人通过身体的言行与表达,合作与分离的表现将人的认知、情感、情绪全息地表达出来。

人格系统四大模块阴阳和合,四个模块的子模块也不例外。在身体模块中,习得为阴,习惯性表达为阳,习性为阴,习气化表现为阳。习得通过习惯表达,习性在习气上面体现出来,一阴一阳,一个是外显,一个是内隐,内隐通过外显表达,外显通过内隐进行累积和导引,一个是信息储存,一个是能量体现,四习也是互联互动的。

如何理解"习得、习惯、习气、习性"四习呢?通俗地讲,习得就是习惯性得到,就是因学习、模仿、练习而掌握、获得的经验、模式。在学习心理的理论研究中,将习得理解为个人的心理内容、心理过程、心理状态或现象中"客体化的人类本质能力"的个人再生与变革。亦即人类文化在被主体消化、积累、运用乃至创造性的发展过程中,人格的心理特性和心理构造得以发生、发展。

习得有无意识习得和有意识习得。

无意识习得,如儿童通过大量的接触不自觉地自然地掌握母语的过程。有意识习得,如学生在学校的学习,如通过培训学习,经由观察模仿,将别人的东西变成自己的东西。

习惯是在早期成长环境中逐渐养成,而不容易改变的行为。有些事情做久了就成了习惯,习惯都是习得的。比如有的人习惯于用左手吃东西,看起来是左撇子,但实际上是小时候听到别人讲左手吃饭的人聪明,就一再强化养成了这个习惯。习惯可以养成,习惯也可以调整和改变,如有的人到艰苦的地方去,一开始不适应,慢慢强化某种认知,慢慢身体也就接受了,吃那里的东西也习惯了,因常常接触某种情况而逐渐适应,以至于"习惯成自然"。

"习惯成自然"慢慢就变成了习性,习性是习惯表达的个性,或者习惯地沿袭下来的人性,等等,是长期在某种自然条件或社会环境下所养成的特性。习性有先天的,也有后天的。先天的如业力,业力根据识种而来。后天的习性由环境浸染而来,因为"习性使然",往往自己不自知。如一个地方习以为常的风俗,会潜移默化地影响着人们的认知,使人们在无意识中被强化性同化,再强化性强化,从而成为人根深蒂固的习惯、习性,并成为群体的习性。

持续强化自己的意念、欲望也会逐步形成后天的习性。习性的形成比习惯需要更长时间的锤炼,习性往往带有更多的思想、情感的内化,而习惯更多地停留在行为层面,但习惯和习性之间是可以相互转化的。

习性有群体的习性,也有个体的习性。如狮子有狮子的习性,它有疆域概念、有地盘概念,这是狮子的群体习性。人类有人类的习性,体现在无私大爱、守望相助、血浓于水等等,这也是一种群体习性。那么个体的习性呢?如有的人总是很重视他人的感受,宁愿委屈自己,有的人一不如意就大声尖叫,这都是个体的独特成长经历养成的习性,个体的习性千差万别。

习气一般指逐渐形成的习惯或作风。习气在言行上是有表现的,如有的人一开口就讲脏话,有市井习气;有的人一讲话就透露出江湖习气;有的读书人一讲话,就有书生气。有的人走路两条腿撇得很宽,两只手甩得幅度很大,像螃蟹爬;有的人走路一蹦一跳的。土豪们挥金如土、一掷千金、穷奢极欲等,这都是习气的表现。从一个人的身体语言、行为习惯我们可以看出一个人的经历,因为他身上有过去信息的残留,像我们从香水作坊出来,身上会有香水的味道一样。

习气是外显于外的,从一个人的习气可以看到他的修养、修为,看到他内心当中的一些习性。

习性是有选择性地被个体或者群体继承和发扬的,有被鞭挞的、被鼓励的和被赞扬的。如群体习性中有真善美假恶丑,有些人继承了真,有些人继承了善,有些人继承了美,有些人继承了假,有些人继承了恶,有些人继承了丑。被鞭挞的习性不见得就消失了,每个人对习性的选择是不一样的,对一种好的习性的继承,人的看法也是不一样的。

习得性的东西久而久之会成为习惯,久而久之,习惯会成为习性,习性的东西在习惯中也会表现出来,习惯和习性之间是相互转化、密不可分的。习气从习得而来,长期沿袭,习得也会变成习气,习气和习得之间也是相互转化的,我们可以透过习惯看习得,可以透过习气看习性,窥一斑而见全豹。四习就是这样一个相互联动、相互转化的关系,表里互应,阴阳互动,相互联动而不可分割。

从小到大,一路走来,我们不断地在习得,在内化。有些习得,成为习惯、习性、习气,深入骨髓,成为我们不由自主的行动。

一方面,这些习得让我们快速地适应外界环境的变化,另一方面,这些习得也束缚了我们的手脚,将我们限制在一个很小的可能性里面,我们被捆绑了,还不自知。

人格模式是帮助我们认清自我的工具,让我们通过认识自我、否定自我,从而有机会跳出已有的认知、情感、情绪、身体反应定式的束缚,重建自我的模式,实现自我的超越。

一生中,我们不能决定自己可以赚多少钱,获得多高的职位,得到多大的名声,因为这有太多的外在因素,但我们可以决定的是,我们要练就一颗什么样的心,成就一种什么样的人格,感受什么样的世界,体验什么样的人生,因为心灵的建设,操之在我,无须外求。

下部

术不离道·人格组合

模块组合

人格系统包含认知模块(角色与关系)、情感模块(需要与价值)、情绪模块(安全与联结)、身体模块(合作与分离)这四大模块;四大模块里包含有认知(强化、弱化、同化、异化)、情感(错位、移位、转位、归位)、情绪(内射、外射、投射、映射)、身体(习惯、习气、习性、习得)这十六大骨骼;十六大骨骼里化合出六十四化"血肉"。

强化性强化;强化性弱化;强化性同化;强化性异化;
弱化性强化;弱化性弱化;弱化性同化;弱化性异化;
同化性强化;同化性弱化;同化性同化;同化性异化;
异化性强化;异化性弱化;异化性同化;异化性异化。
强化性错位;强化性移位;强化性转位;强化性归位;
同化性错位;同化性移位;同化性转位;同化性归位;
异化性错位;异化性移位;异化性转位;异化性归位;
弱化性错位;弱化性移位;弱化性转位;弱化性归位。
强化性内射;强化性外射;强化性映射;强化性投射;
弱化性内射;弱化性外射;弱化性映射;弱化性投射;
同化性内射;同化性外射;同化性映射;同化性投射;
异化性内射;异化性外射;异化性映射;异化性投射。

强化性习得;弱化性习得;同化性习得;异化性习得;

习惯性强化;习惯性弱化;习惯性同化;习惯性异化;

习惯性内射;习惯性外射;习惯性映射;习惯性投射;

强化性习气;弱化性习气;同化性习性;异化性习性。

在十六大骨骼的化合中,分别对应十六种主体人格:

1.依恋型人格;2.孤独型人格;3.回避型人格(逃避型和花花公子型);4.追求型人格;5.古板型人格;6.顺从型人格;7.强迫性竞争型人格;8.巧妙妥协型人格;9.偏执型人格(妄想型人格);10.反社会型人格;11.攻击型人格(爆发性和冲动型);12.癔症型人格(表演型或歇斯底里型人格);13.强迫型人格;14.分裂型人格;15.忧郁型人格;16.自恋型人格。

十六种主体人格在认知、情感、情绪、身体四大模块里相互交叉转化出十六种人格模式。

人生看似不同,实则只是我们强化、弱化、同化、异化的意念的程度差异,从而呈现看似不同的人格特质。其实几乎每一种人格,我们在人生的某个阶段都或多或少有一些。对被遗弃、被拒绝、被控制、失去、羞辱、被忽视、失败、竞争的恐惧是人类共通的情结,只是每个人在不同的方面有多少的差异而已,不是有与无的二元对立,这是"人性相通"的基础。

人在不同的情境中,会呈现不同的人格特质,有时以这种人格为主,有时以那种人格为主。人格有内隐与外显,阴阳的组合是因时而变、因人而异的。如甲的阳性人格为强迫型,阴性人格为依恋型,乙的阳性人格是强迫型,但阴性人格为孤独型。这种阴阳组合不是固定不变的,即使同一种主体人格的人,他们呈现的方式也不一样,辅助性人格也往往不相同。如一个人的依恋型人格是内隐的,外显的人格就会是强迫型人格、偏执型人格,在强迫型人格后面还有一个内隐的回避型人格。而另一个人的依恋型人格的辅助性人格有可能是癔症型人格、古板型人格或偏执型人格。十六种人格又可以互相组合,如回避性癔症、回避性强迫、强迫性偏执等,十六化到六十四化,到一百二十八化、二百五十六化……乃至千变万化。

六十四化在十六种人格中的运转

强迫型人格

基础源于父母对孩子管教过分严厉、苛刻,要求孩子严格遵守规范,绝不准自行其是。孩子不断地强化性内射,形成经个体放大、缩小、掩盖、替换的个体需要与价值满足的经历、经验、信念等。在这种环境中成长的孩子,做事过分拘谨和小心翼翼(强化性外射),生怕做错事而遭到父母的惩罚,做任何事都思虑甚多(习惯性映射)、优柔寡断(习惯性外射),并慢慢形成经常性紧张、焦虑的情绪反应(习惯性投射),记录、存储在情感底片上,形成痛反射点,一旦触动这个痛反射点,就会映射出儿时被控制的心理创伤记忆,就会外射愤怒、恐惧的情绪(映射性外射)。每一次这种情绪都通过习惯性内射在情感底片上留下痕迹。不断地强化父母的要求,强化永远有效的原则和无可争议的规矩所带来的不变的安全感(强化性强化)。成年后,为了逃避强烈的不安全感和对被控制的恐惧,在习惯性强化审视化的父母自我,弱化弱势化的儿童自我、平行化的成人自我,出现角色重置,关系错乱,强化性情感归位(强化性错位),慢慢养成强化性习性,害怕改变与消逝,死守着熟悉的事物,完美谨慎、自我保护、令人信赖、节约吝啬、有洁癖、强势(强化性外射)、追求向心力(强化性映射),形成了强迫型人格。

偏执型人格

基础源于孩子幼年不被信任、常被拒绝、缺乏母爱、经常被指责和否定,儿童产生自卑心理。在这种环境中成长的孩子,不断地强化自己对母亲的疏远,弱化自己的情感(强化性弱化),然后在与他人的正常关系中,缺乏感情上和交往上有效的反馈,发展为一种对别人和整个世界都不信任的观念。不信任的观念会经常带来一种在思维中对材料的感知和加工的选择性过滤,这更加深了他们与周围环境在关系上的疏远(弱化性习得)。成年后,强化弱势化的儿童自我、平行化的成人自我,弱化审视化的父母自我,出现角色错配,关系错乱,情感强化性移位。这种人常常把别人看成是问题的根源(强化性外射),对别人有一种"敌视心理定向"(强化性外射),很容易产生对具体的人和事的怀疑与愤怒(强化性映射),且常常以自我为中心(强化性习性),为了补偿其虚弱的自卑感,就通过设想自己的优越感,通过妄想而使自卑合理化(强化性内射),形成偏执型人格。其行为特点常常表现为:极度的感觉过敏,对侮辱和伤害耿耿于怀(映射性投射);思想行为固执死板,敏感多疑,心胸狭隘(强化性习气);爱嫉妒,对别人获得成就或荣誉感到紧张不安,妒火中烧(习惯性映射),不是寻衅争吵,就是在背后说风凉话,或公开抱怨和指责别人(强化性习得);自以为是,自命不凡,对自己的能力估计过高,习惯于把失败和责任归咎于他人(强化性外射),在工作和学习上往往言过其实(外射性投射);同时又很自卑,总是过多过高地要求别人,但从来不信任别人的动机和愿望,认为别人存心不良(强化性投射);不能正确、客观地分析形势,有问题从个人感情出发,主观片面性大(强化性习性);如果建立家庭,常怀疑自己的配偶不忠(强化性投射);等等。

攻击型人格

基础源于父母溺爱孩子,被父母溺爱的孩子往往个人意识太强(强化性同化),个体意识一旦受到限制就容易进行"还击"(强化性外射);专制型的家庭,儿童常遭打骂,心理受到压抑,长期郁结于内心的不满情绪一旦爆发出来,往往会选择较为激烈的行为来发泄积怨(强化性外射),不断地强化性内射家长的攻击行为,"种瓜得瓜",外射为孩子模仿家长的攻击行为(强化性习得)。在这种环境中成长的孩子,心理发育不健全、不成熟,经常导致心理不平衡。不断地强化性同化个体意识,或者同化性内射家长的攻击行为,经个体放大的个体需要与价值满足的经历、经验、信念等情感底片形成痛反射点,一旦触动这个痛反射点,就会映射性外射出儿时的不满情绪,这种情绪在情感底片上也会留下痕迹,情感上发生强化性转位,对外形成攻击性。在成年之后,强化弱势化的儿童自我,弱化平行化的成人自我、审视化的父母自我,出现角色错配,关系错乱,情感强化性转位。通过强化性习得,自尊心受挫时表现出攻击性,而且挫折越大,越可能出现攻击行为(映射性外射,习惯性映射,习惯性外射);自卑时以冲动、好斗来作为补偿的方式,其行为就表现出较强的攻击性(映射性外射,习惯性映射,习惯性外射)。这样就形成攻击型人格。表现为情绪高度不稳定,极易产生兴奋和冲动,办事鲁莽,缺乏自制、自控能力(强化性习性),稍有不顺便大打出手,不计后果(强化性习气)。他们心理发育不成熟,判断分析能力差,容易被人挑唆、怂恿(习惯性被他人同化),对他人和社会表现出敌意、攻击和破坏行为(习惯性外射)。行动之前有强烈的紧张感(习惯性映射),行动之后体验到愉快、满足或放松感(强化性投射),无真正的悔恨、自责或罪恶感(强化性习性)。

癔症型人格

有些父母溺爱孩子,使孩子受到过分的保护,孩子会觉得父母应该保护我,父母对自己的爱护是天经地义的事情(原生情结),造成生理年龄与心理年龄不符,心理发展严重滞后,停留在少儿期的某个水平。在这种环境中成长的孩子,不断地强化父母对自己的爱护,异化自己,拒绝成长(强化性异化)。心理发育的不成熟性,特别是情感过程的不成熟性,导致成年后,强化弱势化的儿童自我,异化平行化的成人自我、审视化的父母自我,出现角色错配,关系错乱,情感强化性错位到儿童自我,情感活动几乎都是反应性的。他们追求新鲜、惊险和刺激,情绪表露过分(强化性投射),总希望引起他人注意(强化性习得)。他们有高度地暗示性和幻想性,这类人不仅有很强的自我暗示性(习惯性映射),还带有较强的被他人暗示性(习惯性映射)。常好幻想,把想象当成现实(强化性投射),当缺乏足够的现实刺激时便利用幻想激发内心的情绪体验(强化性映射)。他们情感易变化,这类人情感丰富,热情有余,而稳定不足(强化性投射);情绪炽热,但不深,因此他们情感变化无常,容易激情失衡(习惯性映射)。他们的人际关系肤浅,表面上温暖、聪明、令人心动,实际上完全不顾他人的需要和利益(习惯性强化)。他们高度的以自我为中心,这类人喜欢别人的注意和夸奖,只有投其所好和取悦一切时才合自己的心意(强化性习得)。表现出欣喜若狂,否则会攻击他人,不遗余力(习惯性投射),形成癔症型人格。表现为冲动易怒、追求改变与自由、好奇心强烈、及时行乐、敢于冒险、自吹自擂(强化性习气)、爱慕虚荣、没有原则、逃避束缚(强化性习性)。

孤独型人格

基础源于儿童在依恋期对拒绝的恐惧,孩子母亲出于种种原因不喜欢孩子,对孩子在情感上是冷酷的,甚至经常打骂孩子。所有的孩子都需要妈妈的爱护,但是每次对母亲依恋的渴望和要求都会导致心理上的痛苦。在这种环境中成长的孩子不断地弱化依恋母亲的情感,慢慢形成了一个不真实的自我,为了回避痛苦,否定自我的需要,恐惧与他人接触,不断地强化自己"好孩子""乖孩子""独立性"的一面(弱化性强化)。将这种情感不断强化性内射,形成经个体放大、缩小、掩盖、替换的个体需要与价值满足的经历、经验、信念等,记录、存储在情感底片上,形成痛反射点,一旦触动这个痛反射点,就会映射出儿时被拒绝的心理创伤记忆,就会外射恐惧的情绪(映射性外射)。每次这种恐惧的情绪都通过习惯性内射在情感底片上留下痕迹。在成年之后,弱化弱势化的儿童自我、平行化的成人自我,强化审视化的父母自我(弱化性强化),出现角色错配,关系错乱,情感弱化性归位。不断强化性内射被拒绝的恐惧,为了回避由此可能带来的痛苦(弱化性映射),他们看起来很独立(习惯性外射),实际上是否认自己的需要(习惯性弱化),恐惧与他人接触(习惯性映射),习惯性强化"好孩子""乖孩子"的形象,成为人格中的基本特点。在人际关系中,如同在幼年一样,他否认自己的情感甚至物质需要(习惯性内射)。事实上他不是没有亲密的需要(习惯性弱化),而是在幼年时期把这种需要放弃了(习惯性弱化)。逐步形成弱化自己、强化他人或者是弱化自己某一面、强化自己某一面的习惯,表现出一些如冷漠甚至冷酷的性格,缺乏对生活的兴趣和追求(弱化性映射),总是回避过多的亲密接触,显得似乎很独立(习惯性内射),形成孤独型人格。

巧妙妥协型人格

基础源于儿童对竞争的恐惧,自我认同度低,有些父母从不给予孩子鼓励,总是批评和指责。这样的教育使孩子不知如何表现自己的能力,即使表现出自己的能力也往往不被父母认可;孩子常常产生强烈的无助感和敌意。被弱化性弱化自己(弱化性弱化),自我认同度低,对竞争的恐惧。在这种环境中成长的孩子,不断地强化性内射,形成经个体放大、掩盖、替换的个体需要与价值满足的经历、经验、信念等情感底片,即痛反射点,一旦触动这个痛反射点,就会映射性投射出儿时对竞争的恐惧的情绪。每一次这种情绪都在情感底片上留下了痕迹。在成年之后,为了逃避强烈的无助感和敌意及对竞争的恐惧,在强化弱势化的儿童自我的同时,弱化平行化的成人自我,异化审视化的父母自我,出现角色错配,关系错乱,情感弱化性移位。弱化性习得使他们从不公开地与他人竞争(习惯性弱化),表面上从不竞争(习惯性弱化),也不愿意参与那些与竞争有关的游戏(习惯性弱化),他们胜利的方法是如何让别人失败(弱化性习性),如背后说一些坏话、告状(弱化性习气),形成巧妙妥协型人格。他们不喜欢参与具有竞争性的游戏和运动(弱化性习得),在人际关系中,喜欢当面奉承但在背后说别人的坏话(弱化性习气),或用手段贬低和破坏别人的名声和形象(习惯性投射),使别人痛苦而从不自责(弱化性外射)。通常从事低于自己能力的工作(习惯性弱化),从不公开与看起来比自己能力强的人竞争(弱化性习气),而是表示无兴趣参与竞争,然后通过贬低别人而达到自己的心理平衡(弱化性习性),但又总是抱怨自己被控制,自己的能力不被对方承认(映射性外射)。

顺从型人格

基础源于儿童对被忽视的恐惧,一些父母完全忽视了孩子的自我确认的重要心理过程,完全不在意孩子在玩一些什么游戏,认为孩子的游戏是幼稚可笑的而不屑一顾,更不会对孩子在有些游戏中扮演的角色给予积极的反应,儿童就会有被忽视的恐惧。在这种环境中成长的孩子,不断地弱化性同化自己,自己不断地弱化性内射,形成经个体过滤、缩小、掩盖、替换的个体需要与价值满足的经历、经验、信念等,记录、存储在情感底片上,形成痛反射点。一旦触动这个痛反射点,就会映射性外射儿时被忽视的恐惧情绪(原生情结)。他们情绪往往不稳定,常会无道理地一会儿高兴,一会儿悲伤,一会儿生气。每次这种恐惧的情绪都通过习惯性内射在情感底片上留下了痕迹。成年后强化弱势化的儿童自我,弱化平行化的成人自我、审视化的父母自我,出现角色错配,关系错乱,情感弱化性转位,通过弱化性习得,孩子缺乏自我认识(习惯性弱化),缺乏个性(弱化性内射),并在自己的不同人格特征中间徘徊不定(弱化性外射)。他们总是在察言观色,看着别人的脸色行事(弱化性投射),总是过分地在意别人对自己的评价和看法(弱化性同化),对自我的认识完全依赖于别人的反应(弱化性习气),他们的精力总是集中在如何能够吸引别人的注意力和关注上(习惯性投射)。他们最怕被忽视、不被关心和关注(原生情结),努力地讨好和取悦对方(弱化性投射),形成顺从型人格。

分裂型人格

基础源于儿童害怕失去自我归属感。孩子出生以后,有很长一段时间不能独立,需要父母亲的照顾,在这个过程中,儿童与父母的关系占重要地位,儿童就是在与父母的关系中建立自己的早期人格的。在成长过程中,尽管每个儿童不免要受到一些指责,但只要他感觉到周围有人爱他,就不会产生心理上的偏差。如果经常不断被骂、被批评,得不到父母的爱,儿童就会觉得自己毫无价值。更进一步,如果父母对子女不公正,就会使儿童是非观念不稳定,产生心理上的焦虑和敌对情绪。在这种环境中成长的孩子,不断地弱化对父母身体和情感的需要,异化自己(弱化性异化),同时内射形成经个体放大、缩小、掩盖、替换的个体需要与价值满足的经历、经验、信念等情感底片,即痛反射点。一旦触动这个痛反射点,就会映射性外射出儿时焦虑和敌对情绪,这种情绪在情感底片上也会留下痕迹,情感上发生弱化性错位,形成自我无价值感。在成年之后,为了逃避焦虑和敌对情绪及无价值感,在弱化弱势化的儿童自我的同时,异化平行化的成人自我、审视化的父母自我,出现角色错配,关系错乱,情感弱化性错位。有些儿童因此而分离、独立,逃避与父母身体和情感的接触,进而逃避与其他人和事的接触(弱化性投射)。同时又强化性映射焦虑和敌对情绪,这样就形成分裂型人格。他们害怕把自己交出去(习惯性映射),独立冷静(习惯性弱化自己的需要,弱化性习性,弱化性投射);害怕别人亲近(习惯性映射),敏感、冷漠、猜疑(映射性投射);把自己的投影视为真实情况(习惯性投射),不沟通、逃避、特立独行(弱化性习气),喜欢把自己藏起来,以自我为中心(弱化性习气)。

忧郁型人格

基础源于儿童对被抛弃、被边缘、被忽略的恐惧,父母完全忽视了孩子的需要,这种孩子严重缺乏安全感,他们不断地异化自我,为了引起父母的关注、认同,不断地强化自己想象的父母对自己的要求,增强自己的安全感和增加父母对自己的责任感(异化性强化)。形成经个体放大、掩盖、替换的个体需要与价值满足的经历、经验、信念等,记录、存储在情感底片上,形成痛反射点,一旦触动这个痛反射点,就会映射性外射儿时被抛弃、被边缘、被忽略的恐惧情绪(原生情结)。每次这种恐惧的情绪都通过习惯性强化在情感底片上留下了痕迹。在这种环境中成长的孩子,想追求刺激多变又害怕风险,害怕分离与寂寞,百般依赖他人(异化性强化)。成年后,异化弱势化的儿童自我、平行化的成人自我,强化审视化的父母自我(异化性强化),出现角色错配,关系错乱,情感异化性归位,形成了异化性习性,谦卑依赖(异化性强化),无私忘我(习惯性异化),害怕被孤立、被边缘化(异化性映射),害怕自转(异化性映射),倾向公转(习惯性投射),表现为情绪低落、消极、沮丧、退缩、缺乏生活激情和热情,表面上沉着冷静或稳重,几乎不谈论自己,周围的人也很难了解到他们的内心世界(习惯性投射),形成忧郁型人格。

依恋型人格

基础源于儿童在依恋期对遗弃的恐惧,缺乏自我归属感,孩子母亲有时能满足孩子的依恋需要,有时不能满足孩子的依恋需要,孩子的依恋需要不能得到稳定的满足,也就不能建立起稳定的安全感,因而形成了他对母亲的爱和恨并存的矛盾情感。幼年时期儿童离开父母就不能生存,在儿童印象中保护他、养育他、满足他一切需要的父母是万能的,他必须依赖他们,总怕失去了这个保护神。这时如果父母过分溺爱,鼓励子女依赖父母,不让他们有长大和自立的机会,孩子也乐得完全依赖父母,父母一不在身边,便会手足无措,大哭大闹,因为离开父母就会有严重的无助感和被遗弃感(原生情结)。孩子就会不断地异化自己对母亲的情感,弱化自己的依恋需求(异化性弱化),形成经个体放大、缩小的个体需要与价值满足的经历、经验、信念等,记录、存储在情感底片上,形成痛反射点,一旦触动这个痛反射点,就会映射出儿时的无助感和被遗弃感。久而久之,在孩子的心目中就会逐渐产生对父母或权威的依赖心理(异化性外射),成年以后依然不能自主,弱化平行化的成人自我、审视化的父母自我,异化弱势化的儿童自我,出现角色错配,关系错乱,情感异化性移位,他们缺乏自信心,总是依靠他人来做决定(习惯性异化),形成依恋型人格。依恋型人格对亲近与归属有过分的渴求(异化性外射),这种渴求是强迫的、盲目的、非理性的,与真实的感情无关(异化性外射)。他们宁愿放弃自己的个人趣味、人生观,只要他们能找到一座靠山,时刻得到别人对他们的温情就心满意足了(异化性习性)。他们会越来越懒惰、脆弱,缺乏自主性和创造性(习惯性异化),深感自己软弱无助,有一种"我多渺小可怜"的感觉(习惯性映射),当要自己拿主意时,便感到一筹莫展(异化性投射)。他们理所当然地认为别人比自己优秀,比自己有吸引力,比自己更高明(异化性外射)。他们无意识地倾向于以别人的看法来评价自己(异化性习性)。

反社会型人格

基础源于儿童对被抛弃和被忽视的恐惧,家庭破裂、儿童被父母抛弃和受到忽视。其一是父母对孩子冷淡,情感上疏远,这就使儿童不可能发展人与人之间的温顺、热情和亲密无间的关系。随后儿童虽然形式上学习到了社会生活的某些要求,但对他人的情感移入得不到应有的发展(异化性同化)。其二是指父母的行为或父母对孩子的要求缺乏一致性,父母表现得朝三暮四、喜恶赏罚无定规,使得孩子无所适从。由于经常缺乏可效法的榜样,儿童的发展就不可能具有明确的自我同一性(异化性同化)。在这种环境中成长的孩子,由于没有参照模板,或者是由于家庭成员对于自己的行为无原则、不道德、缺乏自制等,树立恶劣榜样,形成无条件、无原则地对坏人和对同伙的引诱缺乏抵抗力,对过错缺乏内在怨疚心、冲动和无法自制某些意愿及欲望等现象(异化性内射)。成年后无法确认自我,出现角色模糊、关系不清、情感无选择性异化性转位,通过没有判别的异化性习得,表现为情绪不稳定、不负责任、撒谎欺骗,但又泰然而无动于衷的行为(异化性习气)。这样,就形成了反社会型人格。

回避型人格

基础源于儿童对依恋的需求和对被遗弃的恐惧,如果在孩子探索期母亲过分呵护孩子,生怕孩子出现意外而过多地限制孩子的行动,关闭了孩子通往外面精彩世界之门,孩子就会产生对独立的需求和对被控制的恐惧,就会不断地内射自己对父母的情感及不被父母控制的需求,形成经个体放大、替换的个体需要与价值满足的经历、经验、信念等,记录、存储在情感底片上,形成痛反射点,一旦触动这个痛反射点,就会映射性外射儿时被控制的恐惧情绪(原生情结)。每次这种恐惧的情绪都在情感底片上留下了痕迹。为了避免被控制的恐惧,异化弱势化的儿童自我,异化平行化的成人自我,出现角色错配,关系错乱,情感异化性错位,导致对自我认识不足,过低估计自己,产生无能和不胜任、痛苦的感觉(异化性投射),习惯性映射出自卑心理。在人际关系中,映射性投射产生无论是身体还是情感都是疏远的,形成回避型人格。他们通过异化性习得回避家庭生活,长时间忙于工作,喜爱经常出差的工作,喜欢参加各种室外活动,通过习惯性异化形成了异化性习性,即便在家里,也总是埋头忙于各种事情,不愿多坐下来陪陪自己的配偶,最喜欢那种来去自由的关系。当他们感受到了自己对亲密的需要时,特别是当他们异化性映射出某种内疚或对遭到遗弃的恐惧时,便会发生情感的异化性错位,从自己的小天地里走出来,向对方频频示好,去取悦对方(习惯性投射)。当他们的需要得到满足后,特别是当他们感到了对方企图保持这种亲密状态,或对自己有进一步需求时,他们便会立即退缩(习惯性异化),甚至生气(习惯性映射)。

回避型人格之"花花公子型",基础源于儿童对依恋的需求和对被遗弃的恐惧,也有对独立的需求和对被控制的恐惧。如果一个母亲在孩子的依恋期不能满足他对母亲的依恋要求,又在孩子的探索期严重限制孩子对独立和探索的需求,儿童就会存在依恋的需求和对被遗弃的恐惧,也有对独立的需求和对被控制的恐惧。孩子就会不断地异化自己对母亲依恋的情感,同时异化自己不被母亲控制的需求,形成经个体掩盖、替换的个体需要与价值满足的经历、经验、信念等,记录、存储在情感底片上,形成痛反射点,一旦触动这个痛反射点,就会映射出儿时被遗弃、被控制的心理创伤记忆,就会外射恐惧的情绪(原生情结)。每次这种恐惧的情绪都在情感底片上留下了痕迹。为了避免被遗弃、被控制的恐惧,异化弱势化的儿童自我、平行化的成人自我、审视化的父母自我,出现角色错配,关系错乱,情感异化性错位,导致对自我认识不足。他们习惯性映射感情是矛盾的、不专一的,既有对依恋的需求和对被遗弃的恐惧,也有对独立的需求和对被控制的恐惧。在这种环境中成长的孩子,成年后,他们既需要满足依恋的需求,又需要满足不被控制的需求,逐步形成了回避型人格之"花花公子型"。在亲密关系中,他们需要不断地吸引异性的注意力(异化性投射),正如小时候需要不断地吸引父母的注意力一样,但是又不能长期保持与异性的关系(异化性习得)。他们形成了异化性习性,总是想方设法来获得异性的爱(异化性投射),可是一旦进入一种稳定的爱情关系,他们感到了被控制和被"吸收"的威胁(习惯性映射),很快就会感到厌烦(习惯性映射),于是就又想方设法摆脱和终止这种关系(习惯性异化)。

强迫竞争型人格

基础源于儿童对失败的恐惧,孩子在确定自我的同时,进行自我能力的确定,有些父母对孩子的尝试和努力不是给予持续的鼓励和强化,他们生怕孩子会由于得到过多的奖励而"骄傲自满",这样孩子就会产生对失败的恐惧。在这时期如果父母的鼓励和赞扬不易得到,孩子感到永远不够好,于是永远在追求成功和赞扬。在这种环境中成长的孩子,会不断地用父母追求完美的要求同化自己,同时异化自己(同化性异化),经个体放大、缩小、掩盖、替换的个体需要与价值满足的经历、经验、信念等,记录、存储在情感底片上,形成痛反射点,一旦触动这个痛反射点,就会映射性外射儿时对失败的恐惧情绪。这种情绪在情感底片上也会留下痕迹,情感上发生同化性错位,对外永远追求成功和赞扬。在成年之后,为了避免失败的恐惧,弱化弱势化的儿童自我,异化平行化的成人自我、审视化的父母自我,出现角色错配,关系错乱,情感同化性错位。他们不能面对失败,成功使他们自大,而失败则使他们自卑和抑郁(习惯性映射)。但是无论多么成功,都不能享受自己的人生,因为他们会认为自己还没有足够成功(同化性习得),形成强迫性竞争型人格。他们会是狂热的竞争者,往往事业成功、蔑视道德、缺乏同情心,总是指责别人不努力、太笨(同化性投射)。生活的一切目的就是竞争,竞争,再竞争(同化性习气)。只有在不断的竞争中不断获胜,才能维持他们脆弱的自尊心和自信心(同化性异化),因此不能容忍和承受任何失败(习惯性映射)。他们做人的标准是不要失败,不要犯错误,永远在追求完美。

追求型人格

基础源于儿童在依恋与探索期对失去的恐惧。有些孩子的父母总是鼓励甚至是强迫孩子过早地开始他们的探索和独立阶段,而忽视了孩子在离开父母之后又要回来以确认安全感的心理需要,使孩子在片刻的"探险"之后常常得不到父母的情感支持,从而破坏了孩子的安全感,结果造成孩子对独立的恐惧,害怕离开妈妈。这些孩子需要不断反复地确证父母是否随时都在关心着他们,爱着他们,他们总是眼睛盯着父母,唯恐自己稍有疏忽,父母就会消失。在这种环境中成长的孩子,不断地按父母标准同化性同化自己,同时压抑自己的真实需要。这样的情感不断同化性内射,形成经个体过滤、放大、缩小、掩盖、替换的个体需要与价值满足的经历、经验、信念等,记录、存储在情感底片上,形成痛反射点,一旦触动这个痛反射点,就会映射性外射出儿时对失去的恐惧的情绪(原生情结)。每次这种恐惧的情绪都在情感底片上留下痕迹。他们需要父母时刻都在身边,使用一切手段来吸引父母的关注(习惯性同化),总是压抑自己的需要(同化性弱化),不断地按自以为是的父母的要求同化性内射,讨好妈妈,做出好孩子的样子,或者找出各种借口来得到母亲的注意力(同化性习得)。在成年之后,异化弱势化的儿童自我、平行化的成人自我、审视化的父母自我,出现角色倒置,关系错乱,情感同化性转位。他们惧怕被抛弃,很少抱怨、生气,总是努力抑制自己的不快,习惯于看别人的眼色,生怕对方不高兴(习惯性投射),形成了追求型人格。

自恋型人格

基础源于孩子在童年时期受到过多的关注和无原则的赞赏,同时又很少承担责任,很少受到批评与挫折,产生对自我价值感的夸大和缺乏对他人的共感性。认知上就会同化性强化,孩子就会不断地强化性内射,经个体放大、掩盖的个体需要与价值满足的经历、经验、信念等,记录、存储在情感底片上,形成痛反射点,一旦触动这个痛反射点,就会映射性外射儿时对批评感到的愤怒和羞辱的情绪(原生情结)。为了避免被批评、逃避挫折,成年后同化平行化的成人自我、审视化的父母自我,强化弱势化的儿童自我(同化性强化),出现角色错配,关系错乱,情感同化性归位,同化性归位到儿童自我状态。这类人无根据地夸大自己的成就和才干,认为自己应当被视作"特殊人才",自己的想法是独特的,只有特殊人物才能理解(习惯性外射)。稍不如意,就又体会到自我无价值感(习惯性映射)。幻想自己很有成就(习惯性映射),自己拥有权力、聪明和美貌(习惯性外射),遇到比他们更成功的人就产生强烈嫉妒心(习惯性映射)。他们的自尊心很脆弱,过分在意别人的评价,要求得到别人持续的注意和赞美(习惯性外射);对批评感到内心的愤怒和羞辱(同化性映射),但外表以冷淡和无动于衷的反应来掩饰(习惯性外射)。他们不能理解别人的细微感情,缺乏将心比心的共感性,因此人际关系常出现问题(强化性投射),形成自恋型人格。自恋型人格的最主要特征是以自我为中心(习惯性同化),而人生中最以自我为中心的阶段是婴儿时期。由此可见,他们的行为实际上退化到了婴儿期。

古板型人格

基础源于儿童对羞辱的恐惧,父母在孩子的自我确认时期扭曲孩子的意愿,在这一时期孩子在扮演各种角色的游戏中寻找自我、形成自我,而很多父母对那些孩子表现出来的不符合自己的期待和要求的行为特点和性格特点给予批评、拒绝、压制或惩罚。在这种环境中成长的孩子,不断地用受到父母和社会赞同和强化的部分同化自己,弱化受到父母和社会否定而被压抑下去的部分(同化性弱化)。成年后,他会本能地对自己的"阴暗面"感到羞耻,甚至否定它的存在,努力地压抑自己的所谓"坏的"一面(习惯性弱化);他会表现自己的所谓"好的"一面,并将它作为自己唯一的自我形象固定下来(习惯性同化),形成经个体放大、缩小、掩盖、替换的个体需要与价值满足的经历、经验、信念等,记录、存储在情感底片上,形成痛反射点,一旦触动这个痛反射点,就会映射出儿时被羞辱的心理创伤记忆,就会外射恐惧的情绪(映射性外射)。每次这种恐惧的情绪都在情感底片上留下了痕迹。孩子的人格就分裂成了两部分:一个是受到父母和社会赞同和强化的部分,所谓"光明面"的部分(强化性同化);另一个是受到父母和社会否定因而被压抑下去的部分,所谓"阴暗面"的部分(弱化性弱化)。从此,孩子形成一个单一的、片面的人格(同化性习性),不再是一个拥有完整自我的人(同化性弱化)。孩子会对自己的"阴暗面"感到羞耻(弱化性映射),甚至否定了它的存在(习惯性弱化)。孩子将自己分裂成了"好的"和"坏的",他会习惯性投射,努力地压抑自己的所谓"坏的"一面(习惯性弱化),表现自己的所谓"好的"一面(习惯性同化),用自己"好"的一面强化性同化自己,并将它作为自己唯一的自我形象固定下来(同化性外射)。他总是在努力地控制自己(强化性弱化),控制他的自然的人性中被否定和压抑下去的部分不要"露"出来(弱化性弱化),以免受到羞辱(弱化性映射)。在成年之后,弱化弱势化的儿童自我,异化平行化的成人自我,强化审视化的父母自我,出现角色错配,关系错乱,情感移位(同化性移位),这样形成古板型人格。这种人形成同化性习性:性格固执(习惯性同化),通常以自我为中心,缺乏灵活性,较少有感情的自然流露,缺乏同情心(习惯性同化)。他以自己的"精确的计算能力"和"逻辑性思维"以及高度的理智为骄傲,而以流露内心情感为耻(习惯性同化)。

人格组合

十六种主体人格组化合特点

强迫型人格

强迫型人格,异常人格中常见类型之一。特点是过分追求完美、精确,容易把冲突理智化,具有强烈的自制心理和自控行为,甚至达到纠缠、吹毛求疵的程度。行为上过分循规蹈矩,拘泥于形式、章程及次序,甚至连生活细节也力求程序化及仪式化,要求按部就班。由于有强烈的不安全感,对批评又过分敏感,所以遇事总是反复思考、核对,怕出差错;采取行动总是犹豫不决,踌躇不前,即使勉强做出决定,事后还是唯恐有错。在情绪表现方面过分克制,不苟言笑,缺乏幽默感,心情总是轻松不下来,害怕改变,从小就追求永恒和安全感。他们依赖熟悉习惯的东西,崇尚原则和规矩;他们害怕新奇的事物和新奇的体验、风险,改变和消逝是他们最大的恐惧。他们以过分要求严格与完美无缺为特征。

如果在"分离焦虑"的同时,由于怕失去依恋的对象,于是对依恋的对象

(一般是母亲)进行过度控制,并憎恨母亲,在经常被母亲驳回的时候就对自己进行过度控制。这种由于内心缺乏安全感而导致的过度控制,最终表现为强迫型人格,其内心的主要情感是"恐惧感"或"不安全感"及对此感受的反抗。

比如说,A回家了,看到地板很脏,不管多累也要把家里收拾干净,才能坐下来休息,这就映射了他的一个模板,期望被发现,期望被注意,期望被肯定。看起来他是对地板上的脏不满意,实际上是在清理脏的过程中,他要体现自己的这种价值。那为什么要通过做这样的事情来体现呢？因为被需要、被关注这样的需求没有得到满足,或者说想要的没有得到满足。那怎么办？有时候就会像A这样通过制造事件来放大自己的价值。很多时候自己满足了自己的期待,但是实际上潜意识里并不满足,为什么呢？人要有两大认同:社会认同和自我认同。光是自我认同不够,还需要社会认同。

地板脏了感觉不舒服还映射了两种情况。一种是小时候事情没做好而被打,长大了之后就反向塑造,看到了就要把它搞干净,为了得到认可,得到鼓励。另一种是期待没有得到满足,自我认同没有得到社会认同。反过来,看到家里地板脏了也不想搞卫生,这说明你没有这方面的记忆,没有映射出你这方面的一些情结,没有痛点。所有的情绪背后、所有行为的背后都有个体或群体的经历和记忆在支撑。

父母从小要么对孩子管教过分严厉苛刻,要求孩子严格遵守规范,绝对不准自行其是,要么对孩子进行心理上的隔离和言行上的远离,都会形成孩子的强迫型人格。

父母为什么要对孩子这样呢？因为他们自己受到了其父母在这方面的约束,形成了模板后,不自觉地沿袭了。孩子也只有这样才能得到他的肯定、夸奖、关注,他认为自己就是从他父母那里这样走过来的,他把他的这种模板以病毒复制的形式带到了他的新生家庭,带给了他的孩子。这是一种不知不觉的顺延式塑造。还有一种是自己没有经历过约束、严厉、苛刻,但是他想去塑造他人。这样的人具备强迫型人格的同时,还有癔症型人格。首先,他在心里塑造他人,然后在现实生活中,他强迫他人按照他期望的样子去做,如果别人按照他的样子去做,他会说你好可爱,你太合我的心意了;当别人没有按照他的想法去做,没有按照他臆想的去做,他就会觉得这个人是最坏的人,最不好的人,最不喜欢的人了。

强迫型人格与癔症型人格一组合,麻烦就不断了。

孩子不断地强化性内射,孩子通过爸爸妈妈对他的要求作为他的标准,放大这种标准的时候,他就会减少或缩小自己的欲望,会掩盖自己的要求,会替换自己的需要,他的价值满足的经历、经验、信念,等于让孩子塑造成了一个让父母喜欢的假自体角色。而孩子真实的心理欲望和需要是被压抑的、被隐忍的,这些压抑、隐忍的欲念、动机时刻像魔鬼一样从心底里窜出来蠢蠢欲动,怎么办呢?他就会强迫自己,不能这样,不能那样,强迫自己不去想,强迫自己做别的事,来忘记这个事。但是做了这个事,他还是忘不了那个事,因此非常痛苦。

在这种环境里成长的孩子,做事过分拘谨和小心翼翼,因为他要塑造一个被爸爸妈妈喜欢的孩子,生怕做错事而遭到父母的惩罚。为什么?因为他曾经有没有做好事情而被严厉苛责的记忆,所以他做任何事情他想的都不是自己,他想的都是爸爸妈妈会怎么样,习惯性映射。然后,他又想表达自己的真实感受,又怕父母不能接受,优柔寡断,习惯性外射,并慢慢形成紧张、焦虑的情绪反应,习惯性投射。记忆存储在情感底片上,在他与父母的互动过程中,父母的所有反应都被他存藏在他的思想底片上,以后的言行都会从他的记忆底片中调取,先映射再投射。映射,就是把它调出来,投射就是把它放出去,形成了诸多痛反射点。

为什么会有痛反射点?孩子一切都是按照父母所期待的方式去做的,怎么还会有痛反射点?要明了孩子自己也是一个主体啊,他在跟爸爸妈妈合作的过程中变成了客体,但他的主体在哪里?他自己的主体被吞没掉了,没被满足;需求被压抑掉了,没被满足。这样的痛点对他才是最大的残忍啊。

如何对强迫性人格做调整呢?我们要不断地向内观照自己。

审视自己为什么要不断地强化父母的要求,强化永远有效的原则和不可争议的规矩所带来的不变的安全感(强化性强化)?很多父母恐吓孩子,说要不是因为你,我就会离开,我就不过了,等等。你只要听话,一切都好说。这样的安全感实际上带给孩子的是更大的不安全感,这是爱的陪绑。

爱的方式错了就是自以为是的爱,就是极其自私的爱,因为忽略了人的主体性。孩子成年后,为了逃避强烈的不安全感和被控制的恐惧,越是父母他人认为有安全感,越是让孩子觉得特没有安全感,他容易在习惯性强化审视化的父母自我和弱化弱势化的儿童自我中打转,因为他做一件事情总是要拿父母化的自我来审查自己,你这样行不行,通不通得过,而他弱势化的儿童自我是极其可怜的,是极其弱小的。此时,平行化的成人自我出现角色重置,关系错乱,该做小孩的时候我们没做小孩而去做大人去了,在该做成人的时候我们又在做小孩,或者用小孩化的方式去做成人,慢慢养成了强化性习性,害怕改变消逝,强迫型人格又与古板型人格组合在一起。与其在新的不安全感中,还不如待在旧的不安全感中,慢慢地关闭了心门,自我封闭起来,死守着熟悉的事物,谨慎信赖、自我保护、节约吝啬、有洁癖、强势、追求向心力,追求他的自我认定后的社会化认定,实际上外强中干。

强迫型人格的种子土壤与其他人格的化合关系。

1.由强迫型恐惧引发的强迫型迫害症(阴),容易与回避型人格(阴)组合,又与依恋型化合,现实中满足不了就又和癔症型人格相互化合。

2.由于缺爱和强烈的不安全感,许多单亲家庭的人由于在表演人格和真实人格之间无法确定自我,在强迫型人格的形成过程中容易催生化合出追求完美型人格(阳)和反社会型人格(阴)。

3.强烈的结果错罪感,如被强奸后的反复洗澡动作以及不能看到生活污点和由此产生的自卑情结,如弱化自己、强迫自己接纳他人对自己不平等的认知标签等。

4.强烈的动机错罪感,从而强迫自己做此事忘记彼事等,如反复洗手等通过回避型人格这个化合通道释放心理压力。

5.强烈的完美型标准的自恋情结,由对完美自我的追求而暴力塑造他人,强迫他人接受这个标准从而产生虐待他人的强迫症而不自知;如果塑造不成,会反向塑造——寻找能依恋的人或物。

6.因为不接纳自己的不完美从而产生自虐(与古板型人格化合)而又虐他的行为,引发强迫型妄想症,容易与偏执型人格和攻击型人格相互化合。

强迫性刻板礼仪和无意义的行为重复,其背后都是渴望自己被大众接受、被社会认同的自我强化表现,其内在都是对自己的不接纳和深度的自卑心理。

所有的强迫症特点都是对自我的不接纳和深度的自卑心理,背后都是缺爱和强烈的不安全感。

偏执型人格

偏执型人格又称妄想型人格。其行为特点常常表现为:极度敏感,对侮辱和伤害耿耿于怀;思想行为固执死板,敏感多疑,心胸狭隘,爱嫉妒,对别人获得成就或荣誉感到紧张不安,妒火中烧,不是寻衅争吵,就是在背后说风凉话,或公开抱怨和指责别人。持这种人格的人在家不能和睦,在外不能与朋友、同事相处融洽,别人只好对他敬而远之(古板型人格基础上异化性强化)。特点为猜疑和固执己见。

如果"坏妈妈"占了主导地位,孩子就难以建立起对他人的基本信任,并会确信"他人基本上是坏的"。孩子在跟别人交往的时候,就会出现"人际不安全感",时时处处防着别人,认为自己时刻会遭到别人的暗算,这样以"人际不安全感"为核心的人格类型就是偏执型人格。

1. 母婴关系不是导致人格障碍的唯一、充分的因素。虽然外面强调母亲的重要性,但同时,母婴关系不良,婴儿也可能会出现不同的心理发展方向,表现出不同的人格特点,这是婴儿内在能动性决定的。

2. 虽然婴儿心理发展的早期阶段是后来心理发展的前提和基础,基础好对后续的心理功能发展是有利的,但是,单有好的基础,并不能保证后续发展也一定是好的。

3. 强调婴儿早期心理发展阶段的重要性,并不意味着三岁前就完成了这些心理功能,也不意味着今后就不可以改变,许多心理功能是在三岁后仍然继续发展和完善的,而在这个发展、完善的过程中,人格在保持相对稳定的同时,也可以发生某些改变。即使幼年存在心理发育不良,有心理功能缺损,在后来的成长中,也是可以不断进行弥补的。

4. 人格障碍是根据人格中最突出的某些特点进行划分的类型,但这并不意味着某种人格障碍就只有某种心理特点,而没有其他别的人格特点。人格障碍的分型是相对的、人为的,类型之间是可以有交叉的(不同人格类型的"共存"或不同人格障碍类型的"共病")。

偏执型人格一般与偏执性顺从、强迫性偏执、偏执性攻击、偏执性癔症组合较多。

还有一种人,别人的工作能力跟他差不多,但他老是有一种错觉,"我就是比他强"。另外一种人,心中只装得下自己和个人的利益,其他任何事都容不下,"我是至高无上的"。当偏执型人格的人认为外在触痛了他和侵犯了他的利益时,他就会产生攻击型人格。而当他遇到比他强的,他立刻就软下来了,因为他知道自己是在给自己打气壮胆,是个纸老虎。他遇到弱的时候呢?则表现出逞强斗狠无底线的凶残。

攻击型人格

攻击型人格障碍是一种以行为和情绪具有明显冲动性为主要特征的人格障碍,又称为爆发型或冲动型人格障碍,通常情绪急躁易怒,存在无法自控的冲动和驱动力。性格上常表现出向外攻击、鲁莽和盲动性。冲动的动机形成可以是有意识的,亦可以是无意识的。行动反复无常,可以是有计划的,亦可以是无计划的。行动之前有强烈的紧张感,行动之后体验到愉快、满足或放松感,无真正的悔恨、自责或罪恶感。心理发育不健全和不成熟,经常导致心理不平衡。容易产生不良行为和犯罪的倾向。特点为阵发性情绪爆发,伴随着明显冲动性行为。

攻击型人格很难成为主体人格。他伴生的主体人格要么来自回避型人格,要么来自依恋型人格。

攻击型人格每个人都有。攻击型人格看起来是拿外在的人和事在练靶子,其实每一剑反弹回来都是攻击自己。对内在的破坏所造成的坑洞比对外在的伤害大得多,最后给自己留下的痛点越来越多。这个痛点动不动就会被人触动,就会进入癔症里歇斯底里的通道中去,就会造成很大的攻击破坏性,就很容易形成分裂型人格,最后形成反社会型人格。

情绪的源头在哪里?回避型回避什么呢?回避的对象得不到满足,回避 + 依恋 + 癔症。他越是回避什么,往往越会攻击什么,内在回避,外在攻击,以攻击的方式来满足自己的需要,强化自己的存在感,所以回避是因为很多的需要没有得到满足,自我价值没有得到提升,内心没有得到关爱,依恋感没有得到满足,他就会弱化依恋型,到癔症通道里想,想了以后就会攻击,更多的时候是自我攻击、向内攻击。向内攻击的同时他也会向外攻击。攻击谁呢?攻击他最亲的人。谁跟他最近呢?儿女。他要把他所有得不到的东西在别人身上塑造,比方说,他在母亲那里得不到,他就会把女儿塑造成母亲,把他自己塑造成女儿,那么他女儿给他的,就是他母亲给他的,角色倒置后完完全全地角色错位,孩子没有做孩子,母亲没有做母亲,自己也没有做自己,一乱全乱。

癔症型人格

癔症型人格又称表演型人格或歇斯底里型人格,其典型的特征表现为心理发育的不成熟性,特别是情感过程的不成熟性。具有这种人格的人的最大特点是做作、情绪表露过分,总希望引起他人注意,害怕受到束缚(喜欢冒险),讨厌传统和既定的规律(任性),不断追求新鲜、惊险和刺激(口不择言,不想后果),随时臣服于外在的引诱和呼喊(及时行乐),责任、义务和前后一致是他们最大的恐惧(没有原则,不负责任)等。特点为过分感情用事或夸张言行以吸引他人注意。

癔症型人格里还有一种人,别人各方面比自己强的时候,还妄想自己比别人更高,这就是癔症型人格。癔症+古板,形成这种"癔症+古板"的源头是什么?自卑!

癔症型人格几乎跟所有的人格都能黏合化合,甚至产生一个黑洞。每个人本来就是不完美的,你是什么样子就是什么样子,关键问题是,我们总不想接纳现在的样子,非要去塑造一个别人认同的样子,你自己都不认同自己,别人怎么认同你呢?

癔症型人格里至少有两种主要通道:一种是奇思妙想的创造型和表演型;一种是胡思乱想的破坏型和攻击型。无论是哪一种通道,个体都要通过追求完美型或者巧妙妥协型人格通道释放能量,不能在里面沉浸太久。

癔症型人格容易把主客体分离。他有一个自我意象在自己头脑里呈现,同时他又有一个客体意象。他自我意象陈列的东西如果很真实,其中没有被满足的一些东西,在他的客体意象里就会被变相地夸大,并形象地把这内在的声音表达出去。

很多人之所以在癔症上出现问题,走向人格分裂,就是他不能把外在的客体意象和内在的主体意象进行充分的整合,造成了主客体的分离和背离。如果在整合的过程当中受到阻碍,他要么就会自虐自怜,要么就会虐他。虐他的释放通道就是歇斯底里型的破坏性爆发。

孤独型人格

孤独的人总是喜欢沉思,喜欢独处,不合群,做事比较谨慎,而且多疑和敏感。他们不喜欢多说话,对人情世故不太关心,人际交往不是他们生活中的主要部分,他们甚至抓住一切机会去寻找孤独,来达到一种恬静的心境,害怕被拒绝。

由于母亲对孩子的忽略或者隔离,孩子不断地弱化依恋母亲的情感,慢慢形成了一个不真实的自我。为了回避痛苦,否定自我的需要,恐惧与他人接触,要么强化自己是"好孩子",要么强化自己是"乖孩子",强调自己"独立性"的一面。这种情感经过不断强化性内射形成经放大、缩小、掩盖、替换的个体需要与价值满足的经历、经验、信念等,记录、存储在情感底片上,形成痛反射点,一旦触动这个痛反射点,就会映射出儿时被拒绝的心理创伤记忆。一旦映射出儿时被边缘化、被抛弃、被忽略这三大创伤中的任何一种,就会外射恐惧的情绪(映射性外射),无指向性愤怒就会莫名其妙地排山倒海而来,而每次这种恐惧的情绪都会通过习惯性内射在情感底片上留下痕迹。

个体在成年之后,一般会弱化弱势化的儿童自我、平行化的成人自我,特别强化审视化的父母自我。孤独型人格的人往往看他人的眼光都是审视的,看他人的眼光是很凌厉的,或者说怀疑的、拒绝的、不信任的。他时时刻刻表现出你别碰我的情绪,或者首先告诉别人跟他保持边界距离等。

孤独型人格如果跟追求完美型人格组合，会非常有成就。但是很多孤独型人格的人释放能量首先是与忧郁型人格组合，他觉得自己满腹的忧伤无人能懂，满腹的孤独无人能解，那怎么办呢？他会伤感忧郁。而忧郁型人格里的能量也要释放啊，他找什么人格通道？他找到了癔症型人格。孤独型人格一旦与癔症型人格里的奇思妙想的创造型组合往往也很有成就。孤独型人格一旦选择与表演型人格组合，平衡好了也很好。比如一些出色的演员没有平衡好本我与假我的关系，他们在表演型人格这一块创造出了很多传世经典，但在孤独型人格自我本体的这一块，他是不接纳的，这样的结局自然就不好。

如果孤独型人格跟忧郁型人格化合，最后就会成为抑郁型人格，关上门自己跟自己玩。跟哪个自己玩呢？抑郁型人格是跟癔症型里面那个角色完美的、理想化的自己玩，结果对现实生活中的自己说，你可以光荣地死去，而那个我将永远地新生。

孤独型人格的人强化固化后与古板型结合，问题大了。在他面前你怎么做都是错，只有他是永远正确的。这样的组合里，孤独型人格是他的底色，古板型人格是他外面的颜色，是外衣。古板型人格的人还会打着追求型人格的旗号，成为古板追求型人格，做什么都不容易成功。因为孤独跟古板型人格组合后，很多观念、很多东西完全都是他在癔症里脱离现实自我营造出来的。

孤独型人格往往与癔症型人格组合，与追求完美组合，与忧郁型人格组合。孤独型人格如果为主体的话，就可以看到首先是有忧郁的情感的。他感觉到不被爱、不被需要、价值不被体现、不被关注，怎么办？他在癔症中开始寻找出路，寻找原动力，寻找自己的兴趣点。孤独型人格的人不会活在自己的幻想里，他在癔症中往往找到兴趣点和发力点，要么在表演型人格中体现出来，要么在追求完美型人格中体现出来。

孤独型人格为什么要去追求完美？如果是外在环境让他形成的，也有人外在环境很好,父母恨不得将他呵护在手心里,但是他自己把自己搞成了孤独型人格,为什么呢? 是自我认同度不够。

电影《东邪西毒》里,林青霞主演的角色,一个叫慕容嫣,一个叫慕容燕,其实就是一个人。为什么一会儿她用表演型人格的方式扮演慕容嫣呢? 为了追求社会认同。为什么一会儿她又要去扮演慕容燕呢? 她要追求自我认同。社会认同和自我认同的角色同一性,使得这个慕容嫣和慕容燕从癔症型人格模式里演变出来,通过表演型人格表现出来。表演型人格在显现的过程当中,又是通过什么人格进行强化的呢? 追求完美型。那些忧郁的、孤独的、伤感的东西,都通过慕容嫣和慕容燕一下子带出去了,释放得干干净净,所以她对自己是接纳的,对自我是认同的,外在对她的各种不同表现也是加以认同的。

如果一个人不是强迫自己去做事,就是强迫别人做事,不是塑造自己,就是塑造他人,乐此不疲,怎么会孤独?

孤独型的人为什么孤独? 因为他不想去塑造一个假自体,他想表达自己的真实感受。孤独型的人很真实,真实到什么程度呢? 他要么进入依恋型,要么进入自恋型。他要是找到了他所依恋的人和事,他的这种依恋情结一旦释放出来,往往牢不可破,从而形成孤独+自恋+忧郁+癔症+依恋+追求完美型。他要么进入自恋型,假若自恋不成,怎么看自己都觉得不怎么样,没什么好,就会把自己对自己的塑造放到别人身上去要求了,自恋不成产生依恋。在依恋的过程中他会忧郁,因为他的主体自我价值的释放得不到社会或者他人认同,他就会进入癔症通道。他在癔症里越想越偏执,他会强化自己,觉得自己是有用的,不允许别人说他不好,尽管自己不好,自己也知道自己不好,但是只能自己说,不允许别人说。别人说了怎么办? 偏执性攻击! 比如有些人塑造他人,他人不被他塑造,而他自我愿望的很多东西在社会上和他人那里又得不到认同,曲高和寡,他就很容易采取偏执+攻击。最后,你不让我塑造,我就把你破坏掉。婚姻与生活当中,很多人不就是这样的吗？我得不到的,别人也别想得到。

孤独型一旦跟回避型结合很容易产生分裂型人格。为什么要回避？他有癔症,有臆想,有忧郁。一个人有孤独的时候,就会对自我有欣赏,自己和自己玩,但是他还有忧郁,因为他感觉不被外界接纳、被边缘化,那个时候,他就开始在癔症里转了。看看林黛玉,就是孤独型＋忧郁型＋追求完美型＋回避型。

巧妙妥协型人格

不喜欢参与具有竞争性的游戏和运动,与竞争这一块有关的,虽愿意配合,只愿做配角。喜欢当面奉承人,背后说坏话,破坏别人名声。通常从事低于自己能力的工作。在婚姻中表现为顺从,抱怨自己被控制,抱怨自己的能力不被对方承认,害怕面对竞争。

巧妙妥协型人格跟哪些人格组合得比较紧密？这种人对于竞争十分恐惧,遇强退避三尺,遇弱则顺从依恋。

巧妙妥协型人格里有顺从,有回避,有依恋,有古板,有攻击。当他主体是顺从型人格的时候,他就会与依恋组合。当他在依恋型人格中,又会组合妥协型人格,在妥协型人格的基础上他会回避,而在回避型人格中,他会表现出攻击。

追求型人格在巧妙妥协型人格里面化合不太明显。如果巧妙妥协型人格作为主体人格的话,他往往在现实生活中八面玲珑,人缘很好。他如果有一个依恋的主体对象,巧妙妥协型人格会进入顺从型人格通道。如果依恋的对象不明确,即顺从的主体不明显,他就会进入回避、古板、攻击这样几个人格通道,很多负面压抑的东西会在身体中体现出来。巧妙妥协型人格也有追求,但是他追求的东西往往受外界影响。

巧妙妥协型人格的化合通道有哪几种？巧妙＋回避＋顺从＋依恋＋古

板+反社会。巧妙妥协型人格也经常性回避原生事件,回避原生痛点,使得有时候巧妙+顺从+依恋+古板。如果巧妙妥协+依恋+顺从+古板+攻击,目前很多人都是这一种。巧妙+回避+顺从+依恋+古板+反社会,又是一种组合。很多人巧妙妥协型跟古板型人格组合,很多时候就不太好,因为古板不善变通,跟这个巧妙妥协有矛盾、有冲突,有的人的妥协是假妥协,不是真妥协,最后回到古板上面去了,回到回避里面去了,很麻烦!

巧妙型人格跟哪几种组合比较好?如果巧妙型并不是主体人格,只是你的辅助人格里面跟古板型人格结合的一个点,甚至在你的辅助型人格也占很少的一个点,一旦你回到癔症人格里面去之后,你这个巧妙型人格就会消失。我们要清楚人格化合通道里面的阴阳组合,然后再对自己的人格加以重组,认识另外一种人格通道的好处。本来那个衣服穿在身上更合适,为什么还要把一件不合身的却说穿了很久的衣服顽强地穿到身上呢?这不就是自己障碍自己吗?

这个世界上没有谁障碍我们,都是我们自己在障碍自己。

顺从型人格

没有自己的思想、观点甚至情感,总是附和别人。察言观色,过分在意别人的脸色和评价,精力放在如何吸引别人的关注上,怕被忽视,讨好别人,相信只要对方高兴自己就能得到关注、爱和幸福。无论对方给予多少关注,都会不满足,抱怨对方控制欲太强,情感迟钝,害怕被忽视。

在四大模块里面,顺从型人格的阴阳在哪?

如果顺从型人格为主体人格的话,他内隐里面的人格就是癔症型人格,外表顺从,内在癔症,形成癔症+巧妙妥协+古板+依恋人格模式。还有一种,顺从+孤独+巧妙+癔症+分裂+忧郁,这是一种什么人格呢?虽然人被归顺了,表面顺从你,内在却是不认可的,实际上他也没有融入外部环境,个体转向了孤独,在孤独的过程当中,他就会产生忧郁的情绪,在忧郁的情绪中时间久了,就可能产生分裂。

顺从型的人,非常有攻击性。他越是在顺从的时候压抑了什么,他就越会在另一个场合表现出什么。有的人外表顺从,内在是反抗的,形成顺从+孤独+分裂+忧郁。还有一种顺从型人格是个体内心想象自己是被关注的,被认同的,于是就会形成顺从+癔症+巧妙妥协+古板+依恋,当他感觉到自己是被关注的,被需要的,是有价值的,这样的顺从是他愿意并产生依恋的。

化合方式表现在化合通道的不同,我们的人生就完全不同。当我们选择对了化合通道,我们的命运就掌握在自己手上。

比如说,现在进行的是顺从+孤独+忧郁+分裂人格通道,及时觉察到不好,改变为顺从+孤独+自恋+追求完美,就很好。

在16种人格当中,你方唱罢我登场,只不过时而强时而弱,随着我们念头的调整和能量的转动,随之出现了对我们言行的支配和占领的诸多变化。

分裂型人格

分裂型人格障碍是一种以观念、外貌和行为奇特以及人际关系有明显缺陷且情感冷淡为主要特点的人格障碍。

我们要了知,我们每生起一个情绪,就对应了一种人格模式。人格模式等同于情绪化合。我们的情绪一会儿好一会儿坏,是不是从一个人格通道转到另外一个人格通道了呢?完全正确!我们要在人格四大模块里面去关注自己的这种能量流动,搞清楚在这个能量流动的背后所释放出的种种信息,搞清楚了这些信息,就可以调整转化到其他通道里去,不能在一个已有的习惯性通道里面固化打转。

习惯性反应常常害死人,为什么呢?觉察不到,就会跟随这种反应走。

分裂型人格在很多情况下是由多种人格激烈冲突时难以平衡导致。分裂型人格的人最喜欢跟哪个人格化合？癔症！分裂型人格的人在癔症型人格里早就给自己塑造了一个非常理想的社会角色，一旦无人认同，就容易进入躁狂性分裂。一般来说，癔症不作为主体人格出现，它的前面一定有一个回避，或者是孤独，或者是强迫等人格，比方说，强迫性妄想。

分裂型人格一般比较孤独，比较沉默，不爱人际交往，不合群，肯定是与忧郁型人格有关系；既无朋友，也很少参加社会活动，显得与世隔绝，常做白日梦，沉浸在幻想之中，与癔症有关系。

分裂型人格害怕把自己交出去，回避，逃避，对人少的工作环境尚可，把自己藏起来，以自我为中心；但对人多的工作和环境，即需要交际往来的工作，就很难适应了，独立冷漠，害怕别人亲近，敏感冷漠猜疑，把自己的投影视为真实情况。

分裂型人格的人与依恋型人格有化合。他一方面回避外在的，一方面内心当中有一个依恋对象。不同的阶段他会依恋不同的人，他会塑造出不同的人来依恋，甚至过去的他喜欢，未来的他塑造，唯有当下的身边的人他看不见。

分裂型人格还特别容易和攻击型人格以及反社会人格组合化合。攻击型人格分对内攻击和对外攻击。对内攻击的人容易在癔症里的某个理想化塑造的自我里面安住，最后反复强化他自己认定的某一个角色。

分裂型人格的人，需要怎样去重新调整自己的化合通道呢？首先，我们要从癔症型人格里走出来，在现实生活中，做好当下自身的各种角色，可以依赖家庭，偶尔也可以自恋，自恋能增加自信！可以顺从，可以追求。这个通道一改变，情绪就改变化合了。依赖是阴性，自恋是阳性，顺从半阴半阳的，追求是阳性，阴阳就平衡了。

分裂型人格的化合通道来源于强迫型人格，产生回避型人格，之后产生癔症型人格。癔症型人格产生分裂型人格，分裂型人格产生攻击型人格。

如果我们把它重新组合化合一下呢？我们不强迫自己，而是依恋＋自恋＋巧妙妥协（顺从）＋追求型人格，就很好！不但是化合通道的选择，还要在认知上重新定义接纳，情绪就不会再升起了。

忧郁型人格

忧郁型人格是安静的、克制的、隐蔽的以及意气消沉的，常表现出悲观或至少是怀疑的态度。这些人几乎从不谈论自己，周围的人也很难了解到他们的内心世界。

忧郁型人格结构可以隐藏在一个表面上沉着冷静或稳重的假面具之后。除了这些忧郁严肃的类型外，也有较多的烦恼性忧郁，他们的悲观具有愤愤不平、挑剔及讽刺挖苦的特点，害怕做自己，又找不到客体，容易自毁；喜欢把自己交出去，无私忘我，谦虚忍耐，害怕被孤立，容易相信他人，没有归属感，没有安全感。

忧郁型人格分为主动忧郁和被动忧郁。什么叫主动忧郁、被动忧郁、主体忧郁、客体忧郁？忧郁性格的源头来自哪里？

《红楼梦》里，林黛玉在跟贾宝玉的关系模式中，就是典型的强化了审视化的父母自我，贾宝玉在她那里什么都不是，做什么都错，讲什么话都不对。所以贾宝玉在她那里如坐针毡（映射了与他父亲的关系），但他又确实很爱林黛玉，然后在林黛玉这里，他又经常性不知道哪里做错了。林黛玉每次讲完贾宝玉之后又很难过、很心疼，所以派她的丫鬟给贾宝玉送这个送那个，因为她觉得那不是她的本意。但是下一次见面，两个人又像吃错药似的开始掐起来了，当然每次都是贾宝玉在她面前做孩子，而林黛玉在贾宝玉面前做父母。为什么要做父母？在这个关系当中她有一种控制感，在控制感当中她获得了一种安全感。

每一个人，当你在彼此的关系中，有一种控制感，这种控制感就会以父母对孩子的控制感身份出现,如果对方表现出顺从、依恋,关系就很好。比方说贾宝玉在林黛玉面前表现的就是依恋、顺从,一旦贾宝玉没有这种依恋、顺从,他跟林黛玉之间这种关系模式就会持续不下去。如果他也做审视化的父母自我,林黛玉就会觉得跟这个人相处完全没有安全感,她就会逃离,就会重新选择。所以他们不知不觉之间就做了对方想要的那个自己,而不是真实的自己。林黛玉没有表现出女人的那一面,如果她表现出女人的那一面,贾宝玉还会去跟袭人试一试男女之事吗?贾宝玉跟袭人是初会云雨,说明袭人在他面前表现的是女人的那一面,让他感觉到很兴奋,毕竟他是个男人。袭人就因为有了这一次鱼水之欢后,角色开始错位,她想以贾宝玉的人的形象出现,她是主动追求、被动隔离,她已经开始创造自我了,做创造型人格了。如果她没有跟贾宝玉的这个事儿,她就不会有这个创造型人格的化合出现,所以她在丫头里讲话,她是觉得我跟宝玉是有事儿的,她骨子里是有这个情结在的。

如果林黛玉在贾宝玉面前表现出像袭人这种女性的成人的自我,那他还会跟袭人云雨吗?干吗不跟黛玉云雨,那是他最爱的女人,哪还会有后面的葬花吟、哭丧、出家呢?只要他享受了已婚待遇,他跟林黛玉想分都分不开了。

宝玉见了黛玉如同见父母,真实父母被他隔离了。黛玉不想跟宝玉云雨吗?不是,而是她害怕风险,严重缺乏安全感,从而异化自我,把自我的需求封闭起来,不让别人看到。

所以黛玉每次都跟丫鬟讲,我就知道宝玉这个没良心的,果不其然是这样的。《红楼梦》里好多段都是这样描述的。这个好没良心的,不懂我的,不知道我的心,所以她才有《葬花吟》。忧郁型人格的人是非常需要人触动他内心当中的爱,忧郁型人格的人极度缺爱,又不敢去爱,或者说害怕付出爱。忧郁型人格是因为缺乏安全感而形成的,他害怕这种爱一旦付出,得不到他想要的爱的回馈。所以他把爱的成本一直拽在手上,死死地拽着,害怕付出,害怕给予,害怕赔光了。想爱又不敢爱,自信心不够;想爱又不能爱,自我认同度不够,然后就在癔症里打转。

忧郁型人格也可以称为矛盾型人格。他们爱也迟疑,恨也迟疑,左思右想,想要又不敢要,想给又怕最后落空了,最容易在癔症、依恋、追求、孤独、偏执、分裂、强迫、攻击、反社会等人格中组合化合。忧郁型人格不能作为主体人格出现,即使作为主体人格出现一定要有个显露在外的人格作为掩护。忧郁型人格与癔症型人格化合时,会有两种状态:一个是自恋型癔症,一个是恋他型癔症(俗称花痴)。忧郁型人格一旦在自恋型人格里找到通道,他就会成为强迫性偏执型,他会孤芳自赏,落落寡欢,自我欣赏,就会形成孤独型人格,所以黛玉孤独地走了,带走了那些花。

另一类是恋他型癔症(花痴)。在恋他型里面,想要追求刺激多变又害怕风险,害怕分离与寂寞,百般依赖他人,于是,他会找到一个依恋的对象,找到一个依恋的组织,找到一个依恋的角色,从而形成表演型人格。为什么形成表演型人格?因为他要让他依恋的这个人看到他的好,看到他的努力,让别人发现他的价值。倾向公转,害怕自转。一旦别人看不到他,他就会情绪低落,消极沮丧,退缩,生活缺乏热情。表面上沉着冷静稳重,几乎不谈论自己,但是内心又会形成回避。当别人没有发现他的时候,他就会回避,他就会回到忧郁型的人格里面去,然后再进入其他通道。回避也不是办法,有时候黛玉装病不见宝玉,说我不见他,这个没良心的,多少天也不来看我,我今天就不见,矛盾、回避。实际上内心里,猫抓一样难受!内心期望他来,却在外面讲,坚决不放他进来。

忧郁型的人,当他在强迫型回避和偏执型回避遇到重大障碍的时候,他还是会妥协的。因为表演型人格本身就有巧妙妥协的影子在里面。这个妥协不见得是他的主体在妥协,但是他的客体在妥协,他的外在妥协,内在不见得妥协,所以我们称之为巧妙妥协。有时候妥协是为了更多的抓取,抓取外在对他的认可,抓取外在对他的社会认同,这样的巧妙妥协不见得是真性情。

一旦巧妙妥协不行,回避又不是办法,偏执不行,强迫也不行,就回到孤独型人格里面去了。忧郁型的人如果回到孤独里面,最终组合释放的通道是抑郁型人格。抑郁就是所有的门都关上了,自己跟自己玩。他谁也不信,谁也不爱,谁也不给,他会塑造一个理想化的自己,那个自己是非常的完美,以至于一些人选择杀死现实中的自己。

缺乏安全感的恐惧无时无刻不充斥着人们的内心,恐惧是忧郁型人格的主要形成原因,忧郁和焦虑的情绪是孪生姐妹,一组合就成了抑郁焦虑症或焦虑抑郁症,忧郁成疾。

恐惧源自失控。既然恐惧是不可见的,恐惧什么呢?

1. 忧郁型人格的人舔舐被羞辱的原生记忆,害怕失去爱的成本,害怕失去活下去的勇气,徒增自己的自卑感。除了害怕,还是害怕。

2. 忧郁型人格的人说话尖酸刻薄,对别人挖苦讽刺,别人听了会很不舒服,言语背后的动机是:喜欢别人关注自己,哪怕是做个丑角也在所不惜。最大限度地吸引大家的关注,背后是深深的自卑感,害怕被忽视,害怕被孤立,害怕被边缘化;他同时又会害怕成为被关注的焦点后,被大众的口水淹死,既爱又怕;害怕孤独,又害怕被关注后失去了宝贵的自由。爱也彷徨,恨也彷徨,无所适从,坐立难安,活着很累,想死也没有那么容易,开始呈现抑郁症的症状。

3. 忧郁型人格的人喜欢把自己交出去,喜欢分享自己,目的是希望对方也把自己当成最好的朋友,还是害怕自己被孤立。

4. 忧郁型人格的人容易相信他人,没有归属感,没有安全感,他们没有自己,以他人的标准为标准。

5. 忧郁型人格的人又是弱小的,像菟丝子一样缠绕在参天大树上,才有足够的安全感,基础源于童年被抛弃的创伤,缺乏安全感。

6. 忧郁型人格的人是有着丰富情感的浪漫主义,普遍感性,优柔寡断,给人文质彬彬的感觉,在做假自体。

7.忧郁型人格的人是矛盾的,他们害怕被别人发现自己矛盾的复杂心情,就会努力克制自己的情绪,源于深深的自卑。

8.忧郁型人格的人,生活里蒙上了一层灰色的雾霾,常常表现出悲观或至少是怀疑的态度,既想依赖他人,同时又对他人不能完全相信,是非常矛盾痛苦的人格,既想采纳别人的意见,又不敢完全地相信他人,偶尔会精神错乱。

9.忧郁型人格的人,使用假面具的时候比较多,不敢流露真实的内心,害怕被伤害,害怕被羞辱,整天说着言不由衷的话。假自体做多了,认为那就是真实的自己,哪天不做假自体还不习惯。

10.忧郁型人格的人几乎从不谈论自己,怕一开口说话就说错了,不想把自己卑微的阴暗面展现给大家。忧郁型人格的人害怕做自己,又找不到客体,容易自毁,轻者情绪不同程度地向内攻击,时间长了严重了,就会产生身体上的疾病(转位),比如:食欲不振,胃痛(胃溃疡),会比平常饿得快一些;增加大便的次数,腿脚无力,抑郁寡欢,失眠,精神不振,目光游离,面色无华,做事没有效率,严重的丧失工作能力,再严重的就选择自杀;忧郁情绪集聚到一定程度的,容易产生绝食的念头,一般经过亲人的劝解会进食,真正选择绝食的病人都是痛苦绝望达到极点,抑郁了很多年一心求死的病人。他们会觉得:与其那么痛苦地活着,不如安静地提前结束乏味的人生,免得拖累亲人,成为整个家族沉重的负担,甚至是耻辱。

害死自己的往往都是一个虚假的念头,念念相续。

依恋型人格

依恋型人格是自主精神比较弱、独立意识比较缺乏的人格。表现为依恋他人,敏感多思,控制情绪的能力较差,偏向感性,不太注意自己参与决策的能力,社会参与程度较低,有一定程度的选择障碍,害怕被遗弃(依赖,不能独立解决问题,怕被人遗弃,常常感到自己无助、无能和缺乏精力)。

保持"弱小感",加强对母亲的依恋,如果母婴关系"停滞"在这里,直到成年后仍然不敢离开母亲,要继续停留在母亲怀抱中,享受母亲带给他的幸福和快乐,就会表现为依恋型人格。这时主体虽然有弱小感,但缺少对弱小感的反抗,缺少独立的自信心,不能通过自己的努力去获得快乐和价值感。

具有依恋型人格的人,为使爱的需要得到满足,就会强迫自己去释放他的价值。他在强迫自己释放价值的过程当中,容易形成古板型人格。他认为这样的方式是受到大家欢迎的,就强迫自己这样去做。同时,他在古板型里面要去追求完美,一旦他的依恋得到了满足,他还特别的顺从。这就形成了依恋型＋强迫型＋古板型＋追求完美型＋顺从型。

依恋型人格需要有一个具体的依恋对象,要么人、要么事、要么物。在这个依恋型的过程当中,会产生癔症型人格。在癔症当中,会去美化对方,弱化自己,强化他人,有时候异化自己,顺从＋巧妙妥协＋追求。这是一种化合通道。

依恋不成怎么办呢？还是回到癔症里来,开始和孤独、反社会和攻击型人格进行化合,这是另一种化合通道。

反社会型人格

如果孩子受到妈妈的漠视,甚至是敌意的对待,孩子就会争取得到他人的关注,甚至认同了别人的敌意,孩子主动以敌意甚至是暴力的方式对待他人,就会表现为反社会型人格。

反社会型人格障碍又称无情型人格障碍或社会性病态,是对社会影响最为严重的人格类型。特点为具有高度攻击性,缺乏羞惭感,不能从经历中取得经验教训,行为受偶然动机驱使,不符合社会规范,经常违法乱纪,对人冷酷无情,社会适应不良等,然而这些均属相对的。

反社会型人格在每个人身上都存在。比如对于自己的亲人、喜欢的人就格外重视,对亲密关系之外社会上的人视而不见,这也是一种反社会型人格的表现。反社会型人格如果跟顺从型人格结合,这时要看顺从型人格要顺从谁。顺从型人格的人,往往都有依恋型人格作为主体。

比如有的人所依恋的对象是一些极端组织,那么顺从型人格的人很快就会跟反社会型人格的人进行组合。历史上的洪秀全、李自成最终能够起义成功,没有下面众多具有顺从型人格和反社会型人格组合的人跟随是不可能的。如果顺从型人格的人意识到他所依恋的人具有反社会型人格,他可以选择回避,走自己的路,这样就避开反社会型人格了。

比如有的人依恋婚姻当中的主体,表现顺从,由对方说了算。如果有一天这种关系出现了变化,这个依恋的主体让他依恋不下去了,他就没有办法顺从。他即使想去顺从,人家也不要他顺从,人家把他隔离了。这种情况下他肯定选择回避,因为他需要调整,处于一种心理缓冲期、人格调整期。或者他主动把自己隔离起来,隔离在危险源之外,隔离以后还是要做调整。这时他如果跟追求型人格化合,就找到了一个明确的追求目标。在追求的过程中稍加一点自恋,再稍加一点追求完美,就很好,就可以避免李自成兵败以后,所有的俘虏被杀被砍的惨剧,就避免了反社会型人格最后落得的悲剧下场。

反社会型人格一旦形成,还会形成强迫型人格。他需要天天把自己的反社会型人格进行合理化。反社会型人格最容易跟依恋、顺从、强迫等类型人格进行化合。顺从里面有秩序,有严密的组织等级,一级一级地加以顺从。

反社会型人格的特点是行为不符合社会规范,经常违法乱纪,以敌意或暴力去对待他人。

我们要习惯性检视,有没有破坏欲?有没有破坏性意念?当我们产生恶念的那一刻,就已经跟反社会型人格化合了。比如说我们在头脑中把很多人用意念杀死过很多次了,这种攻击性的恶念加上反社会型人格如果跟偏执型人格化合,那就是偏执型反社会人格了,就会无恶不作,自取灭亡了。

反社会型人格的化合方式有几种?它是怎样的一个化合通道?有顺从,有依恋,有攻击,有反社会+依恋+顺从+强迫+古板+自恋,在我们了解到自己正走这3个通道的基础上,我们改变一下,比方说反社会+依恋+顺从,如果我们加一个巧妙妥协型,加一个追求型会怎么样?反社会+回避+巧妙+追求,就非常好了,善于修正,就能改邪归正!

反社会型人格经常性处于一种无序状态。为什么无序?这种无序很多时候处于一种被阉割的文化,很多时候处于一种奴性的释放。这种释放是有针对性的,比方说,弱小的人,他会欺负比他更弱小的,他并不是向上反抗。

反社会型人格如果受到压抑,会怎么样呢?他会回避!有的人选择不妥协,选择偏执,回避+偏执+强迫,塑造一个假自体去强迫自己。然后呢,在那个强迫的基础上古板,然后在古板的基础上去追求,最后以假为真,入戏太深。有的人选择巧妙妥协,巧妙妥协不成,打又打不得,骂又骂不得,打又打不赢,骂又骂不过,回癔症里转得多了,自己也觉得假,最后怎么样?精神分裂!

回避型人格

如果幼年没有得到母亲足够多的关注、接纳,婴儿的各种要求总是被母亲否定或拒绝,他就会怀疑自己的能力和价值,怀疑自己是否会受他人欢迎,开始变得讨好别人,迂回地得到他人的关注和接纳。在社交场合,虽然有愿望表现得更加优秀并被别人关注和接纳,但是由于内心太缺乏自信和自尊,在社交中存在过于严重的紧张感和焦虑,致使他最终对社交采取了回避行为。这样的行为在成年人身上持续地存在,就被称为回避型人格。

一些具有回避型人格的人心里自卑,行为退缩,面对挑战采取逃避态度或无能力应付;想与人来往又怕被人拒绝、嫌弃;想得到别人的关心与体贴,又害羞不敢亲近,害怕被控制。

回避型人格里有一种强迫型回避,强迫自己回避;还有一种偏执型人格组合,成为偏执型回避。

回避型人格几乎百分之百的人都有。很多人遇到问题的时候,特别是遇到很棘手的问题,总是第一时间选择回避。回避在现实生活当中的表现有很多种,有的是愿望型,有的是撒谎型,有的是明明知道而说不知道,有的明明有,他说没有,有的明知道事情是这样,他说是那样,掩饰。习惯性重复,也是回避型人格的一个特点。他刚刚从那个坑里跳出来,他又到前面去挖了一个坑,然后又掉进去了,很多时候他不间断地重复这种间歇性劳动。当面对别人的时候,他沉浸在自己的世界里,当自己不是打开或开放的状态的时候,就会竖起一堵墙,把所有的人隔离在外,跟其他人也不会进行这种内心情感的交流。具有回避型人格特点的人特别害怕被控制,特别害怕别人对他有要求,特别是在亲密关系中,对方讲一句话,就会让其在骨子里产生逃避。

为什么我们要回避?害怕面对。那我们为什么又害怕面对呢?是因为我们曾经有过失败的经历,或者是曾经有过失败的想法,或者是有过迂回去表达我们的感受却不被接纳,而被否定、被忽略、被拒绝的经历。

当我们回避的时候,这个能量一定要去找一个通道,所以回避型人格的人第一个找的通道是癔症型人格,他就会自以为是,在这个境界里面胡思乱想,他一定会在癔症型人格里面塑造一个他自己满意的、强大的、被别人接纳的一个人,然后以假为真。在癔症型人格里想到的东西他还要去做到啊,他就会跟强迫型人格组合化合,强迫自己完成对自己的塑造。癔症里面塑造的这个人,是不是他内心里真实的需要呢?不见得!他根据从小感觉被忽略、感觉被边缘化、感觉不被爱、感觉不被重视、感觉被抛弃等认知,根据别人所期望的样子,强迫性地去塑造。塑造出来后期望别人看见,能够被大家接纳、赞美、认可,这样的方式,最终是不是能被别人真的赞美、接纳呢?不见得!强迫自己这么做的结果,最后与古板型人格组合为友了。所以,以回避型人格为主体的人大多都有一个辅助型人格为古板型人格。为什么古板?因为他觉得我这样才是被大家所接纳的,被大家赞美的,被大家欢迎的,才是不被忽略的,不被抛弃的,不被边缘化的。他为了去验证自己的受欢迎程度,去验证自己所塑造出来的人物的效果,他又会变成一个花花公子型,在情感领域里面经常性地蜻蜓点水,然后反客为主,主动追求的是他,主动撤出的也是他,什么关系都会无疾而终。因为他用一个假自体去跟别人联结。当他抽身抽得彻彻底底、干干净净的时候,别人却不认为他是一个假自体而产生诸多纠缠。他之所以不管别人的感受,是他认为把自己塑造的那个假自体丢掉了,他回到真实的心理状态里面,他会合理化自己的种种行为,认为那不是真正的他,实际上这是一种掩耳盗铃、自欺欺人的方式。这种方式在很多时候会把自己癔症型里的这个梦画得更大,对自己的伤害也就会更大,久而久之就会入戏太深,真假不分。

回避型人格的人往往跟哪些人格化合呢?首先是癔症型人格,跟癔症型人格化合以后,又会跟强迫型人格化合,强迫自己时间久了,就变成古板型人格,古板型人格最终又回到回避型上来。这样的循环还是不够完美,所以,往往他还会有一个追求型人格,这是一种回避型人格的化合方式。

回避型人格里面有没有巧妙妥协呢?有时候有。当他跟依恋型人格化合的时候,他就会巧妙妥协。比方说回避型人格的人暗恋的某个人成了他生活中的主体,他就会巧妙妥协,但如果这个人没有成为其生活中的主体,往往就很难巧妙妥协。有时候可能会强迫自己妥协,跟强迫型进行化合,但是这个化合的时间都不长。因此,回避+追求+癔症+巧妙妥协,这是回避型人格的又一个化合通道方式。

回避+癔症+强迫+古板+追求这种化合我们把它修正一下,回避+依恋+顺从+追求完美,就完全不一样了,这个人生活就会非常真实,非常好!

强迫竞争型人格

指责别人不努力,生活中只有竞争,不能容忍失败,追求完美,认为只要自己优秀就能够得到爱,害怕面对失败。

强迫竞争型人格为什么指责别人不努力呢?强迫竞争型人格的根是从哪里落下来的?为什么要强迫竞争?一切源于害怕。

害怕什么?害怕失败,害怕不被认可,害怕被抛弃,害怕被忽略,害怕被边缘化……

一个人格背后有很多情绪反应,如果我们把每一个人格当成自己的情绪反应,就更好理解了。害怕没有价值感,害怕被羞辱,害怕得不到,所有害怕的最后,是对自己的认同度不够。很多时候,当我们对自己的认同度不够的时候,我们会强化他人对我们的认同,也就是强化社会认同。当我们强化社会认同的时候,实际上我们对他人是有要求的,也就是说,他人对我们不够认同,我们对我们身边的人也不够认同。如果我们在现实生活中得到社会的认同,个人有价值,那么我们看谁都很好。

强迫竞争型人格往往跟回避型人格大有关系。为什么会有回避?因为社会认同度不够导致他的自我认同度不够。

强迫竞争型人格的人让自己很累很累,一方面他回避,一方面他想依恋。强迫竞争型在回避型的通道中表现为强迫性竞争加依恋再加追求完美型人格的化合方式。如果没有产生依恋,进入癔症呢?那他就不是依恋型人格了,就会进入古板型人格,古板型人格又与孤独化合,把孤独里的东西以假为真,古板型的东西到哪里释放呢,到追求,最后的通道一般都是以追求收尾的。首先是回避+强迫竞争+癔症+孤独+古板,然后是回避+强迫竞争+依恋+追求完美。

强迫竞争型人格实际上塑造了一个假自体,有些人是在一个真自体上注入了一个假自体。

强迫竞争型跟追求型不一样,追求型实际上目标很明确,它是单一目标,或者说多种目标的合一。比方说,三个车道最后还要合到一个车道上来,强迫竞争型人格很多时候把自己的一个真自体赋予到了一个完全不可能实现的理想化的角色上面。比方说,把身边的人塑造成他理想化的人物,然后期望这个人按照他所期望的那个道路去行驶,而身边的人却并不知道他是这样来塑造他的。

追求型人格

追求型人格为什么要去追求?是社会对他所呈现的价值认同不够?还是自我需求的价值认同不够?是希望自己什么样的需要被发现,被认同?是情感里有什么样的需要没有被满足?是情绪上害怕爱的联结不安全?这样系统性地来思考就容易找到人格化合规律了。

追求型人格的人,在孩童时代,与父母的关系,是子女与爸爸妈妈的关系,他们内心中对于害怕失去带来的恐惧常常造成对外在的猜疑和嫉妒,他们十分留意对方的行踪或者表情,对可能出现的所谓第三者非常敏感。这种人常常暗暗伤心落泪,感叹活得太累,害怕失去,从而开始自我隔离,进行自我塑造。但他所塑造的这个角色,父母会不会认为真实?他所看到的这个自我角色,是不是真实的自己?同样,他们在塑造这个假自体的时候,看到了真实的父母吗?感知到父母真实的爱了吗?一样都没有。这个时候的他们,不断强化审视化的父母自我角色,把弱势化的儿童自我一再地打压,露头就打,然后又以成人化的方式来进行自我构建,以假为真。

追求型的人成熟得很早。但是这种成熟是一种伪成熟,不是真正的成熟。因为他所认同的自我角色跟外在的关系是错配的,这个错配的角色与关系在结构上就开始出现扭曲与不对应了。

在情感模块层面上,追求型的人在扭曲的角色与关系里面,爱的需要不会得到满足,他的这种追求价值是得不到外在认同的。

在情绪模块层面上,追求型的人总感觉到不安全,时时想逃离。在与外在联结上,他内化后的感觉是,自己是被忽视的、被忽略的、不被需要的、被边缘化的,甚至是不被爱的。

在身体的言行与表达上,追求型的人一般又是回避型人格。在没有感受到安全与联结的情况下,在需要与价值没有得到满足的情况下,他会产生癔症型人格、孤独型人格和自恋型人格彼此化合。

认知里的角色与关系一旦扭曲,在情感需求价值里就不匹配,在情感需要里就会产生自恋,产生癔症,产生孤独;在情绪模块里就会产生偏执,产生攻击,产生古板;在身体模块上可能产生回避与古板。

追求型人格,包括各种主体型人格的原型,就如同是原子核,不停抓取符合这个原子核所需要的电子进行组合化合,这就是我们的命运。我们改变了这个原子核,就会改变抓取的电子分子,就会重新组合变化我们的人生。

追求型人格如果反向仿同,就形成了原生家庭的病毒组合延续。强迫性偏执、歇斯底里型的虐他攻击行为,就是反向仿同。

强迫性偏执,就会出现歇斯底里的虐他攻击行为。追求型人格,正向仿同,就会延续主动追求、被动隔离的顺从 + 依恋人格通道。

为什么要依恋呢?因为如果没有自我认同,没有社会认同,就没有归属感,深层的归属感是一种安全的基本保障。在海啸的巨浪下,我们才会感觉到生命的渺小。在被台风连根拔起的大树面前,我们才能感受到生命的无常!

自恋型人格

自恋型人格障碍的基本特征是对自我价值感的夸大和缺乏对他人的共感性。这类人就是认为自己比周边的人都完美,也强迫被别人认可自己,无根据地夸大自己的成就和才干,认为自己应当被视作"特殊人才",认为自己的想法是独特的,只有特殊人物才能理解。

如果孩子没有得到妈妈的充分呵护,他感到自己是不可爱的,幻想回到"共生期"的幸福感,继续渴望得到妈妈的接纳、呵护,孩子对自己是否是一个"好孩子"产生怀疑,婴儿愿意做一个"可爱的好孩子",但又对此没有信心,这时就表现为"渴望他人给予无穷无尽的赞美",通过他人的赞美,来不断证明自己是多么的可爱,就会表现为自恋型人格。

具有自恋型人格的人对于自我形象没有被外在认可,自我价值没有被外在认同,会陷入沮丧型自恋中,从而会经常性采取一种自我补偿。

很多时候的自恋者往往有一个特点:标新立异的膨胀型自恋。这种标新立异,如果不被人认可,他就认为是曲高和寡。

自恋型人格的人往往都会跟癔症里的表演型人格化合。不被认同有回避,爱没有得到满足有孤独。个体一旦自我认同与社会认同度高,孤独型人格马上就会淡化。回避型人格、孤独型人格加自恋型人格,往往又跟忧郁型人格化合。跟忧郁型人格化合以后,因为有自恋,个体觉得自己是特殊人才,他就会去追求,在追求的过程当中,一旦有挫折,他又会巧妙妥协,这个就是自恋型人格的化合通道。自恋还会在癔症里面进行自我设想。在癔症里面放大的东西,一定是在生活中他要回避的东西。癔症里放大多少,他回避里就缩小多少,但是这个放大与缩小之间,并没有解决他的认同问题啊。所以他又进入孤独的人格模式。孤独往往容易把自己跟外在隔离起来。孤独时他会产生忧郁,在忧郁的基础上如果还有依恋呢?少了一个依恋,他就会有追求,在追求的过程中,他就会产生巧妙妥协,这样一个化合通道里,有这么多的情绪,最终形成了总人格的习气反应。所有自恋型人格的人,无外乎在这样一个人格通道里面转。

自恋型的人会去攻击别人吗?不会,他有分裂型人格吗?没有。他有强迫竞争型人格吗?没有。他有偏执型人格吗?没有。有没有顺从型人格?那要看有没有依恋对象。有没有反社会型人格?表现不充分。有没有古板型人格?表现不充分,因为他有巧妙妥协。有没有强迫型人格?不多,都有,但是他化合的程度少一点。

自恋型人格该怎么化合呢?自恋型人格的源头来自于孤独型人格。如果不回避,改变人格通道为自恋+依恋+顺从+追求这四种人格化合,命运就完全不一样了。

古板型人格

古板型人格的人性格固执,以自我为中心,容易把经社会认同了的一种假自体作为自我的一种表现形态固定下来。这里的社会认同首先是家长(父母)认同,其次是组织认同,然后才是其他认同,他一个个把它固定下来,不知道灵活变通。他所有的思维逻辑都是按照假自体上的角色来的。他真实的自己找不见了。他停留在某一点上,并以此为豪,因为那里有他拿得出手的精确的计算能力和逻辑思维能力。如果以古板型人格为主体的人,假自体变成了他的常态,他就成了一个装在套子里的人。

每个人都同时具有很多种人格,只是在不同的时间、不同的成长期,跟不同的人交往的时候,才会表现出不同的人格特点。如表现古板型的时候,就是个体需要得到他人的认可而没有得到,他就会表现出某种坚持,就会缺乏灵活性。(坚持的时候就是强迫性偏执,也有古板性偏执。)当一个人坚持古板型人格的时候,实质上他的社会认同、需要是没有得到满足的。有认可,他就不回避了,并伴有依恋、追求;无认可,他就回避,并进入偏执型强迫人格通道。选择人格的化合通道不同,带来的人生完全不一样。

为什么古板型的人会把自己最好的东西给别人呢?这源于什么模板呢?就是追求社会的认同,也就是说自我的认同要放到社会认同这个大的背景板里面去。

跟不同的人交往会表现出不同的人格状态。有的人见到一个人很不喜欢,因为这个人长得跟过去曾经欺负过他、或者让他不快乐的某一个人的某一点相似。这个时候他看到的这个人是不是他眼中真实的这个人呢?不是。他看到的是因眼前的人而映射到他内心当中的那个人,内外两个人一重叠,要么转身走人回避,要么就开始攻击。

为什么古板?因为他有模板。模板来自于哪里?来自于父母某一时间曾经对他的肯定和否定。肯定的情境再现自然好,否定的情境出现时,他不希望再受到否定,所以他在受到外在否定之前,他自己先要把这个否定掉。在这样一个选择过程当中,有顺从型人格表现出来。为什么顺从?他觉得这个里面谁的力量大,谁的权力大,谁的资源大,谁的影响力大,就顺从谁,依恋型人格随之伴生出来了。

模板的力量是如此之大。我们什么时候真正看清了他人?很多时候情感是不是随着储存在我们情感记忆库里的模板里面编好了的程序而起舞?情绪是不是随着一个个记忆事件当中的某个人、某件事,乃至我们理想化了的某个人、某件事而翻飞?

为什么负性的东西,人们都那么回避它或者痛恨它?第一源于社会观念;第二源于这些东西对我们身体的一些伤害的自身感受;第三,古板型人格往往不知变通,死守恒常的教条,不知道万事因缘化合的道理。也就是说,这股能量往往会向内攻击,使我们的身体僵硬,器官受损。

古板型人格的基础源于对羞辱的恐惧,他们以流露情感为耻,害怕被羞辱。因为害怕羞辱,因而会回避激发心理痛点的人和事情,并压抑自己内心的需要,故外显古板型的人内在隐藏着回避型的人格,归根结底,源于对父母的依恋和安全感以及价值感获得的需要。古板型人格被内在僵化的教条观念束缚,强化性外射,总认为自己是对的而别人是错的,就会有强迫型思维和强迫型人格及偏执型人格的特点,既强迫自己遵守,也要求别人执行,强迫不成可能就会触动自己的痛点而产生攻击型人格,强迫攻击的结果会导致人际关系的缺失,加上思维僵化的教条、内外在空间的狭小,会导致能量压抑不能流动而形成孤独型人格,以及孤芳自赏的自恋型和癔症型人格,死水一潭的能量终会形成向内攻击的忧郁型人格,孤独苦闷的痛苦能量向外释放时也可以出现追求型和巧妙妥协型人格。当然这一切的演化基础仍是古板型人格,当能量固结于某种人格时,此种人格特质会突显而掩盖其他人格。

由于人的生物和社会属性的限制,在我们成长和社会化的过程中,安全感、归属感的获得以及自我价值的体现和需要的被满足,要求我们必须具有共通的人格特质,比如说依赖、顺从、古板、追求、自恋、强迫、偏执、攻击等,这些特质深埋于我们的人性中,作为我们人生的背景,就在个人发展的某一阶段,因被抛弃、被忽略、被边缘化给我们的人生造成创伤和痛点时,我们的能量才会固结于这一阶段而不能正常流动,这仍然是能量的固着,信息导引不通畅,当生活中的人、事、物映射出我们的痛点时,我们就会表现出自身反应的人格特点,比如说依恋、顺从、自恋、追求等某个人格特质的东西。

古板型人格的存在,其实是有很强的依恋情结存在的。首先,他们的这种自我认同是建立在社会认同的基础之上,而不是社会认同建立在自我认同基础之上。也就是说,很多人的社会认同是建立在自我认同的基础之上,自己认为很棒。比如,甘地,首先自我认同,然后才是社会认同。

古板型人格非常敏感。当他们的依恋型人格得到满足的时候,就会表现为顺从,表现出妥协。一旦依恋型人格得不到满足,就会形成古板型。一旦古板型人格没有得到认同、满足,就会形成偏执,甚至会向内攻击和向外攻击。

为什么身体的残疾或对身体的不自信会导致古板型人格的呈现？身体的残疾只是身体呈现出来的一种外相，对身体的不自信也来源于我们受到的知识、经验，以及所谓外在标准的一种比较和对照。这种在不完全认识自我的前提下产生的古板型特征，往往会产生偏执，又因为敏感多疑而产生攻击型人格。

认知模块	情感模块	情绪模块	身体模块	形成人格	人格特点
强化性强化	强化性归位	强化性映射	习惯性强化	强迫型人格	追求完美，强烈自控等
强化性弱化	强化性移位	强化性外射	强化性习气	偏执型人格	猜疑、固执己见等
强化性同化	强化性转位	强化性内射	强化性习得	攻击型人格	冲动，急躁，易怒等
强化性异化	强化性错位	强化性投射	习惯性映射	癔症型人格	任性，无责任感等
弱化性强化	弱化性归位	弱化性映射	习惯性内射	孤独型人格	喜欢独处，谨慎等
弱化性弱化	弱化性移位	弱化性外射	习惯性弱化	巧妙妥协型	阳奉阴违，害怕竞争等
弱化性同化	弱化性转位	弱化性内射	弱化性习得	顺从型人格	讨好他人，怕被忽视等
弱化性异化	弱化性错位	弱化性投射	弱化性习气	分裂型人格	敏感，逃避等
异化性强化	异化性归位	异化性映射	习惯性投射	忧郁型人格	悲观消沉，怕被孤立等
异化性弱化	异化性移位	异化性外射	异化性习性	依恋型人格	依恋他人，害怕被遗弃等
异化性同化	异化性转位	异化性内射	异化性习得	反社会型	攻击性强、无羞惭感等
异化性异化	异化性错位	异化性投射	习惯性异化	回避型人格	自卑，退缩，害怕等
同化性异化	同化性错位	同化性投射	同化性习得	强迫竞争型	害怕面对失败等
同化性同化	同化性转位	同化性内射	习惯性同化	追求型人格	过于敏感，害怕失去等
同化性强化	同化性归位	同化性映射	习惯性外射	自恋型人格	自我欣赏，沉醉其中等
同化性弱化	同化性移位	同化性外射	同化性习性	古板型人格	自我中心，害怕羞辱等

六十四化合

主体人格与辅助人格

以整体观、系统观着眼,不论从任何一个模块入手,都可以改善和提升我们自己的人格模式,这也就是认知疗法、行为疗法等在某一模块的具体运用。只要我们以此为工具,在系统观的统领下,在生活中认真体会、感知,熟练加以运用,不断强化性同化以至于内化于心、随心运用即可,其实六十四化如筏,只要渡过了河,也就达到了目的了。

在个体的人格系统中,主体人格和辅助人格相辅相成,有阴有阳,一显一隐。主体人格如果属于阴,那么辅助人格就要有相对应的阳能量的人格对应;主体人格如果属于阳,那么辅助人格就要有相对应的阴能量的人格对应;这样主体人格和辅助人格能量均衡维持人格系统的阴阳平衡,才会形成真正健全的人格。

强化、同化自己的人格模式属于阳能量较强的人格模式。比如:强迫型人格、偏执型人格(妄想型人格)、攻击型人格(爆发型和冲动型)、癔症型人格(表演型或歇斯底里型人格)、追求型人格、古板型人格、强迫性竞争型人格、自恋型人格等。

如弱化、异化自己的人格模式属于阴能量较强的人格模式,有孤独型人格、巧妙妥协型人格、顺从型人格、分裂型人格、忧郁型人格、依恋型人格、回避型人格(逃避型和花花公子型)、反社会型人格等。

主体人格和辅助人格如果能量不均衡,就不能维持人格系统的阴阳平衡,就容易形成人格障碍。比如一种是主体人格属于阳,几种辅助人格也都属于阳,或者是几种辅助人格中只有一种或两种相对应的属于阴的人格,另外几种与主体人格一致也是阳的人格,这样人格的能量就会过阳,外显表现为性格外向,阴阳失调,形成人格障碍。另一种是主体人格属于阴,几种辅助人格也都属于阴,或者是几种辅助人格中只有一种或两种相对应的属于阳的人格,另外几种与主体人格一致也是属于阴的人格,这样人格的能量就会过阴,外显表现为性格内向,同样是阴阳失调,形成人格障碍。

主体人格和辅助人格不是一成不变的,当辅助人格中的一种人格的能量(阴或者阳)过强,较原来的主体人格都要强的时候,这时这种辅助人格就成为个体的主体人格,原来的主体人格就成为个体的辅助人格。

修正人格模板,就是要把人格在人格系统中维持人格阴阳平衡,不平衡自然就容易形成人格障碍。

如主体人格是忧郁型人格,属于阴,辅助人格如果是分裂型人格、依恋型人格、回避型人格,这三种辅助人格都属于阴。这样的人格系统中,阴能量明显过盛,人格是内隐的,那么外显表现出来的是性格过于内向。

要修正人格模板,就要让人格系统中的属阳能量的人格部分充分释放出来,达到阴阳能量平衡状态,才会成为一个人格健全的人,才会让自己成为一个真正心理健康的人。

体悟小系统、不忘大系统:个体融入群体就成为整个社会大系统中的一个小系统,好的群体如同一个社会的免疫系统,我们正知(信为前提)为整个系统的方向,内射、映射到我们的意识里(愿),不断强化同化这些信息,弱化异化我们的不合理认知,再外射、投射(行)到整个系统,如此循环生息、全然一体、同频共振,再用整个系统的信息、能量、改变、改善我们的习气、习性、习得、习惯。

借助小系统的力量,不断熏习、改善我们的个体系统应该会有事半功倍的效果。

我们有我们整个系统的认知、情感和情绪,乃至言语和行为。

我们用我们这个小系统的改善、改变,强化同化整个社会大系统的合理认知,清除、清理、弱化、异化社会大系统的不合理认知,我们就是整个社会大系统的免疫系统,在正确方向的引导和工具方法的运用下,我们必将会改变整个社会大系统的认知、情绪、情感以及言行和表达。

在整个系统内,每个人就是一个个同频共振的细胞,只有我,没有我执,是我也非我,假我也是我,我们就是一团具有正面信息、能量的量子集合体。

无我不是没有我,是指没有执着的小我,而有众生一体的大我。无念不是没有念,是指没有执着假我观念,而有活在当下、同频共振的大念。

空不是顽空,空是指那种妙有真空。无我无念不是我们想象的一种隔离状态的死寂,不是一潭死水,而应是一种任运腾腾、活活泼泼的大我、真我、本我。真我是体,假我是相、是用,真心、无心就是真我,假心、妄心就是假我,真我假我也是一,不是二。

六十四化不仅是用来分析我们的人格模式,了知我们不合理模式的由来,更是用来清除我们内心的毒瘤的手术刀,用这个工具,可以重建我们的认知、我们的组织、结构和系统,乃至整个社会大系统的认知、组织和结构。

案例分享

希特勒人格解析

具有偏执型人格特点的希特勒在发布命令遇到下属询问时总喜欢说:"你在怀疑我的智商吗?"此话一说出,无人敢应声,紧接着他的第二句话就是,"那就去做,去执行!"不容你思考怀疑。偏执型与强迫型怎么区别呢?

强迫型就是强迫自己去做,要让别人感觉到他有价值、被需要,但是他不会强迫别人做。偏执型追求完美,容易把自我臆想出的完美境况,以偏执型的力量,去吸引相类似的人群,去影响从众型的人群,从而能够整合所有的力量去完成。在实现目标的过程中,他谁也不信,谁也信不过,他认为自己是万能的,他处于一种很孤独的状态。

每个人每种人格都有,只是多与少,组合不同而已。比如说,希特勒是偏执加追求完美,他不仅强迫自己,还会强迫他人。他内隐的人格是孤独型,与外显人格对应的是追求完美型人格,同时又伴生在癔症型人格基础之上。为什么他是追求完美型?因为他有身心痛点。儿时,他的生殖功能就被他的犹太籍继母损伤了。人越缺乏什么,越需要什么。他癔症的开始是建立在他要报复从小就折磨他的继母,他总在幻想着将来会怎么样,会把他的继母怎么样。他小时候反抗不过他的继母,但是他可以在他的理想世界里打败她,他甚至还有一个强大的内在誓言,就是将来要把继母杀掉,把与继母一样的犹太籍人全杀掉。他的癔症型人格通过他的内在誓言不断完善强化而变得牢不可破。他心里面的臆想的东西为了不被他人所破坏,内在誓言不被他人所冲淡,就以偏执型人格来强化释放他癔症型人格的内容。而由于他身心世界的不完美,他害怕被别人发现,害怕被别人知道,为此,他建了一层很厚的壳,孤独型人格成为他的内隐主体人格。

孤独型人格的人有很多不被别人知道的伤痛,而且他们不愿意让他人知道。当孤独型人格的人的痛点被自己映射,或被外在触动时,表现在情绪上就显现为偏执型。他的偏执型又建立在什么基础上呢?他相信他在想象中所构建的世界很完美,通过不断地细化、细化再细化,需要泛化成为国家意志,说服并带领众人一起去完成。

如果追求完美型背后的孤独型没有被自己触动,而是被外界触动时,他就会与追求完美型对接成功;如果癔症型里的镜像还是个人的,还没有泛化成国家意志时,他往往又与偏执型对接,因为他不能泛化为对国民的要求,只能自己偏执地去做,只能坚持认为自己的想法是对的,然后做的方向是按照完美型的方向去做。

为什么要追求完美?因为他内心中有痛点,不愿意被人知的身心痛点。几个人格模式的转换,就组成了希特勒的人格系统。

疗愈希特勒的心理痛点,看起来是在他的癔症上丰富和完美他所构想的这个世界,容易取得他的信任,而实际上,他孤独型的主体人格这层壳,是不允许被他人从外面越进的,如果越进了这层壳,要么你把他破掉了,要么他就会把你融入他的本体中,要么你还没进到心理边界地带就被他隔离掉了。

还有,他追求完美型的角色与癔症所对应。癔症的形成当初只是对付继母,当他的角色与权力发生变化以后,就泛化上升成为国家意志,要把整个犹太民族消灭掉。所以,我们看到希特勒采取的是种族灭绝运动,他不仅要摧残犹太人的身体,摧垮犹太人的文化,还要摧毁犹太人的意志,让他们没有归属感,让犹太人的所有价值为他所用。

合作与分离,需要与价值,从犹太人的财富能够充实经费的认知,到利用犹太人的聪明智慧来加强、加快国家军事工程等各方面建设,从而在各个层面将犹太人不断异化的对应关系,在道义上充分合理化自己的言行,所以,他们干起刽子手这个角色来,就一点都不会内疚。

当然,这些过去的历史已经遭到了人类文明的审判。

通过一些特殊历史人物的个体人格,可以把握和了解一段时间的国家变化进程。

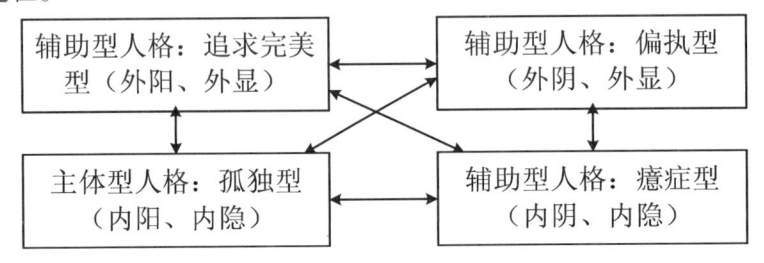

辅助型人格:追求完美型(外阳、外显)	辅助型人格:偏执型(外阴、外显)
主体型人格:孤独型(内阳、内隐)	辅助型人格:癔症型(内阴、内隐)

从希特勒四种人格模式的转化图中,能够看到他的主体人格所衍生和伴生的各种辅助型人格。

当然,万变不离四大模块,不离三元四相位,不离角色与关系,不离安全与联结,不离需要与价值,不离合作与分离,不离这八个支柱,这就是纲。

案例分享

回避型人格为主体的人格解析

Y女士出生一周就被送到外婆家,妈妈在10公里之外的小学教书,要到周末才能走路回家。爸爸三十岁得女,视她为掌上明珠,但爸爸在部队,平时基本见不到。这让小女孩有被遗弃的感觉,于是她生气、哭闹、愤怒,要求母亲的亲密接触,要求母亲无时无刻的关注,但母亲有工作要做,必须且必定要离开,这让小女孩对母亲既爱且恨。这个原生情结后来影响着Y女士在亲密关系中的表现:Y女士必须感受到对方把她放在第一位,感受到对方时时在关注她才安心。Y女士对被亲密关系中的人忽视十分敏感,她会用生气、赌气的方式表达不满。

回避型人格怎么来的呢?为何Y女士害怕别人对她有要求呢?

Y女士生活在外婆家直到上小学。Y女士出生的时候,舅舅、姨妈们都还未婚,家中只有Y一个小孩子。在18个月—3岁这个阶段,Y对外面的世界充满好奇,精力旺盛,充满了探索精神。但她的冒险行为受到了家人诸多的阻拦,导致她现在很怕别人对她有要求,以前不知道这是潜意识里的害怕被人控制,害怕失去自由。这个原生情结使她在亲密关系中,对亲人对她有要求十分敏感,她会在烦躁中油然而生冲天怒气,有时冲口而出表示异议,有时她也会压抑着。尽管有这些情绪,但随回避型人格而伴生的依恋型往往又会让Y女士去做他们要求的。随依恋型而伴生的追求完美型又使得Y女士喜欢自觉做事,而不喜欢被要求。工作后,Y女士喜欢出差、工作和学习,喜欢待在自己的空间里。Y女士结婚很早,但结婚五六年了,她一直都没有家庭观念,直到女儿出生,公公婆婆和她住在一起,Y女士才开始有了家的概念。以前,在人际关系中,Y女士要么和别人很亲密,要么就很疏远,对于如何与人建立一种适度适当的关系无所适从,而且与人亲密交往一段时间后,Y女士会从这个关系中摆脱出来,不让自己受到约束。基于对羞辱的恐惧这个痛点,Y女士虽然在意识域回忆不起来了,但她发现自己有一种模式,对于不愉快的事情,她会自动屏蔽,选择性遗忘(实则是回避)那一段经历。

Y女士还记得:在妈妈的农村学校,一天,七岁的她带着五岁的弟弟在乒乓球桌旁边玩,当地一个高大的男孩打了她弟弟一个耳光,还骂道:"臭老九的崽子。"

这是Y女士记忆中的羞辱事件,那时她保护不了自己的弟弟,心中充满了无力感。现在这种无力感还在。这也令她升起一个这样的内在誓言:我要强大,我要有能力保护我的家人。这也令她很长时间以来,出现儿童家长化的角色重置,她把自己放在父母亲的位置,而忽略和淡化了自身孩子的角色。

Y女士对失败的恐惧相对较小,因为她的另一个内在誓言是:我是会自我燃烧的!任何失败都不会让我低头!Y女士也不害怕智力竞争,并常常脱颖而出,这个得益于她从小所得到的比较多的肯定、赞扬。

大学的时候,Y女士也出现过顺从型人格的特点。因为她高中以前从未寄宿过,进入大学宿舍后不知所措,不知如何与室友相处,于是会说一些违背自己的心意的话,来故意讨好室友。

孤独型人格的特征,在Y女士身上表现不明显。因为小时候,她的哭闹总会得到大人的及时回应,需求总会得到满足。对于拒绝,她的反应是愤怒,她的内在誓言是:只要我想要的一定可以得到,因为我想要的东西不多。其实,如果她想要的得不到,她会用一种妥协的方式放弃,而且一旦有得不到的迹象,她就先走人了。这既是回避型的人格特征,也伴生有巧妙妥协型的人格特征。

无论是在读书还是工作中,Y女士都很努力,力求完美。到四十岁时,Y女士开始害怕改变,害怕失去一些拥有的东西,心中有许多条条框框,而且常用这些条条框框来评价他人,开始不接受新奇的事物,这显然是古板强迫型人格的特征。

好在通过学习,Y女士开始走上了一条不断自我更新、自我超越的道路。

Y女士人格成因及变化分析

Y女士在依恋期(0—18个月)被遗弃的恐惧,没有建立起与自己的安全联结,缺乏自我归属感,从而影响到一生的自我构建。

在依恋期,母亲对孩子的依恋需要反应不稳定:有时候能满足孩子,有时候则不能,她因此不能建立起一个稳定的安全感,始终有对被遗弃的恐惧。她孩提时的反应是:一方面使出浑身解数,努力地用哭闹吸引母亲的注意,从而使自己的依恋需要得到满足,另一方面却又为自己受到冷遇或者被遗弃而感到愤怒。母亲成为她的愉快与痛苦的同一源泉,她在生理和情感体验上的愉快、满足与愤怒、伤心交替出现,因而形成了她对母亲的爱和恨并存的矛盾情感。由于母亲义无反顾地离去,也使她具有部分孤独型人格的特点,否认自己的情感与物质需要,使自己显得独立。

这影响到她成年后对爱人的态度。当对方满足她的需求的时候,她会感觉到爱;当爱人不能满足她的需求时,她会爱恨交织,有不能释然的恨意。她陷在心理黑洞里自虐,并企图以这种方式虐他,采取回避的方式减轻自己对对方的依恋情感。而这种分离感可能源于自己的心口不一,源于后天意识的理性,这种自虐的方式里有虐他、报复对方的企图。她对对方的情感是爱和恨并存的,她始终难以完全地信任对方,她既要依恋对方同时又要排斥对方。即使知道对方很爱她,但依恋期不管自己表现怎样都要被母亲遗弃的心理黑洞使她不能相信爱,她总要令自己强大,使自己具备不依赖他人也能生存的能力,以便可以随时洒脱地离开对方,以减少对自己的伤害。另一方面,由于对被遗弃的恐惧,在关系中,她不恒常,会呈现忽冷忽热的表现,她会选择首先离开以避免自己受到被遗弃的伤害;在事务中,容易出现非此即彼的抉择。

另外,由于巨大的心理黑洞,这种人格的人一生都在外求爱,寻找"可靠的爱",寻找"有安全感的爱"。成年后,她在朋友、配偶的选择上往往会把安全感放在第一位,她需要随时响应的爱。她对爱的期待是自己对爱的理想化,不离不分,完全一体,她需要像依恋期和母亲那样一体不分的爱,需要完全满足的爱。当她找到一个自己深爱的人,感觉和对方不可分离时,便把依恋期对母亲的依恋需求完全释放出来,变成一个嗷嗷待哺的孩子,需要对方无时无刻、无微不至的爱来安慰自己的心灵,用爱人的爱来填补自己巨大的心理黑洞。但这个黑洞始终难以完全平复。她对爱人生气、愤怒、吵闹、哭泣、威胁、嫉妒是在向爱人索取爱,也是儿时习性的成人化反应。

由于对爱的外求,使她不能爱自己,不能完全接纳自己,虽然在表面上她似乎也对自己满意,但在内心深处她是异化自己的,即使外在环境对她是认同的、赞扬的,她也会把他人的称赞无意识地理解为是一种居高临下的评判,因此她嗤之以鼻,或者认为不值一提,"这算什么呀,我压根就不在乎"。

由于对依恋的渴望和被遗弃的恐惧交织的矛盾心理,在依赖探索期(18个月—3岁),她会沿袭依恋的需求,但又向往自由以摆脱对被遗弃的恐惧,因此她会选择逃离控制,从而形成怕被控制的恐惧。这让她逐步形成了以回避型为主体的人格特征。在人际关系中,她无论身体还是情感与人都是疏远的,别人进入不了她的内心,她也不能进入别人的内心,除非那个能让她像依恋母亲一样依恋的人出现,她才可能打开心扉,肆无忌惮地释放爱和恐惧。但从亲密爱人让她产生爱的不满足感的那一刻开始,她就开始寻找爱的替代品,以在亲密爱人不能满足自己时让自己有另一个心理依靠,以减轻爱人的"遗弃"对自己的伤害,从而出现回避型人格之"花花公子"的表现,到处采花,对感情不专一,爱好多但不专精,难以深入。

由于依恋期产生的"我是强大的"的内在誓言,因此在自我确认期(3—6岁),她会压抑自己不好的一面,表现自己好的一面,从而出现强迫型追求完美,古板偏执型人格以自我为中心、固执、缺乏灵活性的特点。

人格模式六十四化在四大模块的呈现

1. 在认知模块,表现为异化性弱化(依恋型人格):依恋期,因为母亲时常不能满足孩子的需求,孩子便采取自我隔离的防御措施,在潜意识里否定母亲的角色,否定自己孩子的角色,自己做起了"强大"的母亲,将自己倒置为母亲,将真实的母亲异化为孩子,弱化母亲本来的角色。由于是与虚假的角色与身份建立的安全联结,因此在现实中,她需要这个身份,但在潜意识里,又不认同这个身份。因此她被人称赞,有不舒服感,被人拒绝与否定,同样很不舒服。这是因为在潜意识里她知道这是假我,他人肯定的不是真正的我。但她又需要这样一个假我来装饰自己的强大,因此被否定同样不舒服,因为她已经将自己和这个虚拟的角色捆绑起来了。

由于有"没有你,我也照样活得很好"的内在誓言,这种人格的人在生活中,会努力做一个符合外在标准的好人,经常乐于助人以显示她的价值。这使她强化性强化(强迫型人格),外在呈现出强迫型人格追求完美、崇尚原则和规则的特点。

幼年由于挽留不住母亲,自认为不够被爱、自己不够好,这使她在成年后一直不能享受大家公认的好东西,尽管她有这样的能力和实力。她会强化性弱化(偏执型人格):强化自己头脑中完美的假自体,弱化他人,弱化内在那个情感未得到满足的小孩,外在呈现出偏执型人格,以自我为中心,固执己见,易对他人的质疑或不认同产生愤怒,并常采取防御性攻击的特点。

由于在依恋期母亲不能满足她依恋的需求,而在探索期,抚养者又过多限制孩子的自由,使她异化性异化(回避型人格),否定和怀疑自己和他人的角色身份,使她与人交往中无论是身体还是情感都是疏远的,不太懂得如何与异性保持一种适度的关系,要么很亲密,要么很疏远。

2.在情感模块,表现为异化性移位(依恋型人格):依恋期,由于不能得到母亲稳定的响应,依恋需求不能随时得到满足,出现求而不得的情况,便只好异化母亲和自己的角色,强化自己,弱化母亲,角色倒置,以假为真,与错位的角色产生安全关系联结与价值认同,异化自己对母亲的情感,弱化自己的依恋需求。然后强化性归位(强迫型人格),与自己塑造的强大的假自体进行共情,从而满足自己的情感需求。尽管如此,其内在知道假我非我,真我对自我塑造的角色身份不认同,自我价值始终被自我否定,产生异化性错位(回避型人格),呈现回避型人格(花花公子型)特点,既要依恋,又害怕被控制,不断向外索爱,但用情不专。为了平衡自我,她不得不进行强化性移位(偏执型人格),对自己的假自体产生认同,并且自以为是,固执地以假为真。

3.在情绪模块,表现为异化性外射(依恋型人格):角色错位,异化自己与母亲的角色与关系,将被遗弃的过错归罪于母亲,对母亲产生爱恨交织的情感。亲密关系中,一旦对方的言行不合自己的心意,便触动了她的痛反射点,烦躁、生气、愤怒、吵闹、哭泣、嫉妒而不由自主,且归过于对方,不自责,心停驻在自己以外的人与事,陷于烦躁、气恼而难以自拔。强化性映射(强迫型人格)、强化性外射(偏执型人格),强化假想的完美之我,映射后再外射出去,由外向内、再由内向外释放身心能量,与假我产生共鸣,阻止自己去面对真实的自我以及令人气恼的人与事。异化性投射(回避型人格):虽然潜意识不认同假我的身份,但她用感觉代替真实,在自我认知上贴上合理的标签,当自己出现"花花公子"的行为时,能够轻易地合理化自己。

4.在身体模块,表现为异化性习性(依恋型人格):虽然成人了,但内在的她常常拒绝长大,享受儿童自我,喜欢身体的靠近和抚触,这让她有被爱的感觉。于外呈现强化性习气(偏执型人格),容易紧张不安,寻衅争吵,对问题的态度易受个人情感影响。习惯性强化(强迫型人格),不断强化外界认可的某些行为方式,如微笑、公益活动等表达友善的行为。习惯性异化(回避型人格),否定自己的依恋需求,崇尚自由,喜欢独立自主的关系。

就这样,她在外人面前表现自己强大、优秀的一面而掩饰、逃避自己内在弱小、不好的一面,以能得到外界认同的外在信条、规则为模板塑造自己。在心念上,她常常否认自己的物质或情感需求,以此表现自己的通情达理、好人及强者的角色,在遭到否定、拒绝时会出现烦躁、焦虑、愤怒等情绪反应,但在语言上她往往采取沉默的方式,不表达自己的情感与需要,她采取压抑的方式处理情绪,从而产生异化性移位,身体上出现紧张、僵硬、疼痛等表现。只有在角色与关系安全的亲密关系中,她才会表现自己负面的情绪和对对方强烈的依恋。

系统化的人格平衡策略

1. 建立与自我的安全联结,足够地爱自己,而不是向外索爱。如依恋型人格就是没有跟自己建立起安全联结,像三毛到死也没建立起跟自己的安全联结,所以她始终要去抓外面的东西,而且她抓住了还不相信。邓丽君也属于依恋型人格,她从十几岁就出来唱歌,赚钱养家。依恋型人格一旦没有建立起跟自己的安全联结,有人要么自杀,要么喜欢被虐,要么喜欢虐他,等等。

如何建立安全的联结呢?就一个字——"爱",真正地爱自己,爱自己的本来面目,在接纳善恶美丑的自己的基础上修正自己。

真正地爱自己,一是要有爱的能力,二是要有付出爱的能力。与自己建立安全联结,需要把心安放在自心上,安住当下,不随外界的人、事、物而转,不活在过去和将来,关注此时此地的人与事,关注自身,向内求,而不是向外求。

2.建立与爱的安全联结,需要爱的载体,或者是找到人,或者是找到物,或者是找到自己。把依恋的人、物、事作为载体,将自己与之融为一体,密不可分。如,找到一个完全能够包容、理解、接纳、相信、爱你的人,把自己和最爱的人融为一体;或者与具备正能量的人保持意念上的联结;或者投身于自己热爱的某个物、某件事情。

3.对自己绝对自信,才能建立爱的安全联结。

凡事面对、不逃避,凡事放下、不停驻。绝对地相信自己,而不是怀疑、逃避自己,通过别人来证明自己。肯定自己,相信自己有爱的能力,有付出爱的能力,才能建立爱的安全联结。

4.面对原生事件,隔离、淡化、抽离。

及时了解自己的主体人格,了解主体人格背后各种辅助型人格形成的来源,了解每一个内在誓言背后都会伴生一个辅助型人格,以及这些誓言背后的原生事件。留意并试着去理解自己在各种关系中的互动模式,去体验和看到自我内在的那个心理黑洞,去找出造成心理伤害的原因,直接体验那份失落、分离、被遗弃、被控制的痛苦和恐惧,看到自己在以幼儿的方式索取爱,看到自己在各种关系中的反应不过是在强化性重复自己过去与父母的互动关系模式。"此关系非彼关系""此人而非彼人",曾经对父母索取的东西,不要现在转而向他人索取。

双向合理化,合理化自己,也合理化他人。父母所做的一切都合理,自己所做的一切也合理。无条件地接纳过往,包容原谅他人,接纳父母,接纳不完美的自己,不与事实抗拒。

把原生事件隔离、淡化,从中抽离,将它们一个个从黑洞里揪出来,这个黑洞自然就没有了。隔离不是不去想,而是把它分清楚,是幼年哪个阶段形成的,再让它回到哪个阶段去。一旦习性反应生起,马上隔离,通俗地讲就是"冷一冷,忍一忍,放一放"。习性反应如果生起来了,就对自己说,这是在重复儿时的模板。淡化就是,一旦它出现,理性地来对待。然后是抽离,把自己从那个阶段里抽离出来,童心就是无住,我们不能用成人的方式住在童心上面,要回到当下的自我。

5. 内观、内转、内定。这里掌握全息心学修炼心性的三个法宝,养成时时内观觉察的习惯,知道无明是依真起妄,以妄为真,自然及时转念,去妄息见,了知自心无二,自性无碍,自能定心于当下。

解析

Y女士的依恋型人格是通过强迫型人格表现出来的,因为依恋型人格要努力地强迫自己做好,把自己的价值体现出来,她才感觉到依恋有归属感,如果她感觉到不被需要了、不被重视了,她就会退缩到回避型主体人格里去。她的需要不被满足的时候,她的依恋型人格就会成为痛点,这个痛点就会到回避型人格里去疗愈。她采取回避的方式,一回避就会有一个假自体。所以Y女士还有一个人格,古板偏执型人格。为什么偏执?因为害怕被别人触动,害怕得不到满足,当依恋得不到满足的时候,她就到偏执型里做假自体。

Y女士的依恋型人格既通过强迫型人格释放,有时也通过偏执型人格来释放;而强迫型通过偏执型来制约,偏执型又通过回避型来释放,四种人格彼此之间是交叉的,是一不是四,这四种人格是循环的,是转动的,是不定的,迷时法华转,悟时转法华。

一旦依恋型人格里爱的需要得到满足、强化,价值被体现了,她就会用强迫性的方式让自己做得更好,让自己做得更棒,来强化这种依恋。如果得不到,她就到偏执型里去塑造一个假自体。回避型是她的人格主体,是内隐、内阴;随主体人格伴生的依恋型是内隐;追求完美为目的的强迫型是外显、外阳;古板偏执型是外显、外阳,双阴双阳。

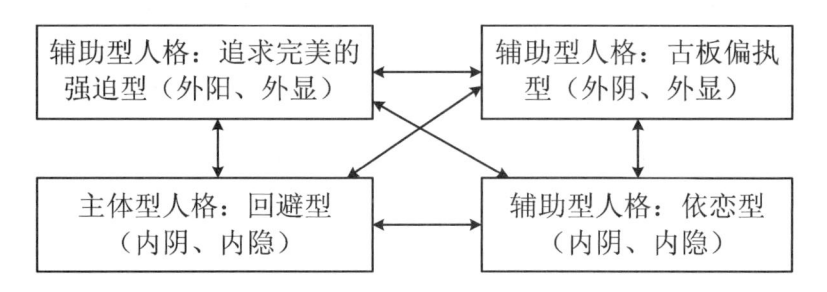

```
┌─────────────────────┐         ┌─────────────────────┐
│ 辅助型人格：追求完美的 │ ←────→  │ 辅助型人格：古板偏执 │
│ 强迫型（外阳、外显）  │   ╳     │ 型（外阴、外显）     │
└─────────────────────┘         └─────────────────────┘
         ↕                                ↕
┌─────────────────────┐         ┌─────────────────────┐
│ 主体型人格：回避型   │ ←────→  │ 辅助型人格：依恋型   │
│ （内阴、内隐）       │         │ （内阴、内隐）       │
└─────────────────────┘         └─────────────────────┘
```

通过 Y 女士的人格图可以发现，主体型人格往往是各种辅助型人格的总原料，也是最不容易发现和得到真正意义上的疗愈的。回避型人格作为 Y 女士的主体人格，爱的不被满足和对被控制的恐惧这两大痛点导致个体会向外抓取和寻找让她依恋的对象，从而得到爱的满足和安全感的保障；另一方面，因为害怕分离，害怕被拒绝，她又会极其敏感，哪怕是感受到一丝风吹草动，就会快速逃离，从而得到合理化的自我安慰与满足。如果在强迫型里做自己呢？她则会不断地改变价值和需要，一旦被需要，则感到好开心。实质上是她的回避型人格得到了疗愈，因为她这里没有痛点了，她开始做自己了。如果偏执型就不好了，就会在假自体上打转。在强迫上做功夫，找到道心和使命，在追求完美的强迫型上做文章，就会提升。这两年一直在敲她回避型的壳，清除回避型里的痛点，回避型是她内隐的主体人格(内阴)，她的回避型人格是通过偏执型人格来体现的，原来是偏执着要做自己，实质上是在回避自己，真实的自己对情感的需要没被满足，于是强迫型转到偏执型里面来了，为什么有偏执？我就觉得我是强大的，我不需要你们，弱化父母亲，实质上是潜意识里回避，意识里强化，强化的是一个假自体。意识里强化的是一个假的，内心里回避的才是真的，所以要在这个回避上面动刀子。

人有三命：生命、使命、慧命。生命不愁吃不愁穿，活得很滋润就行。使命就不一样，要开发生命的价值，有利他的行为，再到慧命，一个人的未来就匹配好了。生命就是生为何来，慧命就是往而何处，使命是承上启下，用使命把生命传承好，在慧命上匹配，为众生自利利他，如果停留在生命层级，这是最低层级，这是动物层级。

开启自性的智慧,要往使命上走,把回避型破掉,变成不断提升、追求完美的强迫型。强迫型并不是非要扭曲自己,而是要有一个很明确的具体目标,要随时觉察。同时,也要塑造好追求完美型人格与道心相融,开启自性的智慧,开发生命的价值。

大道自然

爱因斯坦的同事大卫·波姆认为:"宇宙是一个单一且统一的自然系统,是一个整体,我们世界里的事物会成为另外一个我们无法观察到的领域的投射。这些可见的'外显'域和不可见的'内隐'域是一个更高且更普遍的秩序的不同表现。"

呈虚空场态的宇宙,包含一切信息能量的正物质与反物质间的转化。"正物质以有形态出现,反物质以无固定形态出现,无形无体,可存于物质之内。物质毁灭,反物质不可毁。物质有代谢,瞬息万变,如电光石火;反物质无时间,无空间,大小由之,而至永恒。"

宇宙中的万事万物如同宇宙之网一样,都是全息互联的,每个人看似独立而又不同的选择组合统一成我们的集体现实。非定域的、全息的信息能量场的化合与互动,产生物质统一场的"隐域"发生内在的变化和周期性运动,并在"显域"出现阴阳平衡、对立统一的整体性新变化。

全息虚空场中,太阳针对地球的引力场是定数,地球围绕太阳的磁力场是变数,世间万物在电、磁、光所形成的万有引力、电磁力、强相互作用力、弱相互作用力的化合作用下场场相连,形成不同的周期。

我们生活在一个系统之内,大到宇宙星系、银河星系、太阳星系、地球家园,小到国家社会、家族家庭、群体个体,再量化到心身一体的内在与外在、内隐与外显,如同地球必须循着一定的轨道,围绕太阳这个中心公转而行,同时又绕着自己的轴心自转而行,无不遵循着阴与阳两种对立又互补的力量(万有引力与离心力)均衡而动。

万有引力维持地球于不坠,一直把地球拉回中心,有一股稳定的吸力。离心力向外扩张,脱离中心点,有意摆脱控制。

人也是如此:自转时的观察与体验成为公转时的模板与经验。

大系统外在的公转力(定数)与小系统内在的自转力(变数)所产生外显的万有引力(大物理)与内隐的离心力(大化学)形成一个又一个的周期,形成周期规律,如春夏秋冬四季(365 天)为一年,生老病死四相(60 年一甲子)为一生等。

定数是周期的循环和轮回,变数是两个或两个以上的因素和合才会产生新的事物。一旦有新的物质参与又会发生改变,这就涉及阴阳二能量的参与化合。

在全息虚空场内,万事万物在不断的阴阳化合中乃生乃成,相生相克,场场相连,相互交集,循环生息,又统归一体。

在三元四相位的人格模式系统中,由一生二,二生三,三生一切万物,由人格模式大系统的一生出人格模式中的认知、情绪、情感、身体这四大模块。四大模块里认知里的角色与关系,情感里的需要与价值,情绪里的安全与联结,身体里的合作与分离通过各自的四种表达形式与十六种主要人格不断产生各种各样的组合变化,不同的交合产生不同的现象,六十四种人格化合就在生活中体现出来了。

六十四化还可以继续分,但不管怎么分,都要回到人这个整体的"一"上面来,回到大三元全息场上面来。

人是有生命的个体,天地是能够为生命提供生存环境的空间,天、地、人在全息虚空场内,进行着大物理和大化学。

大物理是定数,大化学是变数,定数和变数决定周期,定数和周期之间看变数,定数和变数之间看周期,从周期之间也可以看定数和变数,定数是不能改变的,变数是可以改变的,可以通过改变变数拉长或者缩短周期。

春夏秋冬是宇宙大系统的运转规律,是物理定数,是整体的"一",是一个循环周期;围绕这个定数所产生的"一"中所含的"二"和"二"中所延展出来的"三"和"四"等,各种各样的因素组合化学变化是变数。

从这些变数中可以看出春夏秋冬的阶段周期,比如三个月为一季,以及整体周期,比如一年为一个轮回,还可以透过变化因素了解各个季节有的延长、有的缩短的原因。

掌握了这些规律,就可以在家庭和工作中,适时、适当、适度地在周期中调整理想化的预期,使其更趋向于双向的合理化,减少和疗愈心理痛点,还原和回归事物本来,从而移步换景,在当下的角色所对应的各种关系中轻松切换,乐享自在。

古之太极图,以"道"之元、"变"之理贯穿之,直观地呈现了阴阳消长、交合互变,变化统一的宇宙运行规律,统摄了自然、生命、万事万物"无平不陂,无往不复,有无相生,难易相成"的流变之理,散之在理,则有万殊,统之在道,则无二致。二气五行,化生万物,五殊二实,二本则一,是万为一,一实万分。

三元四相位人格模式系统正是遵循道之律演变而来。

天、地、人大三元与信息、能量、物质小三元在宇宙虚空场内不断假合离析又重新整合嬗变。万物化生而能量不息。一切物质随外界因缘条件而聚散,没有一个永恒不变的实体,即万物本性皆空,无所定相。

在天、地、人大三元系统中,为了有个可以参照把握的对象,古人外观天象,内循物理,以气候变化规律为据,假名春夏秋冬四时序为一周期,为一年,继而又有时令、时节,再细分为月、日、时、分、秒等时间维度。经现代科学研究发现,所谓时间,只是物质存在系统周期性运动的反映,其实质为无有边界循环不已的信息粒子场。古人又以万物生灭往复的物质形态存在位置、结构假名空间维度,继而分出东西南北中五方,再细分为八方。而到了现代,从不断发现的三维、四维到九维空间,我们知道,空间实则为阴阳两股能量和合变化的能量场。物质的成住坏空均随着信息能量流的导引、化合而果。

人作为一个化学物质与电子信号能量集合体,是处于这个大三元系统的最具灵性和高质量的物质。人与宇宙、自然和谐相通,相生相息。人也遵循着万物与自然的规律而生存寂灭。春夏秋冬为时序年轮周期,生老病死为人一生存亡周期。周期为定数,周期内有变数。随着信息、能量的循环往复,各种影响因素成为拉长或缩短周期的变数。

如一年四季气温季候变化不定,人的生命质量与生命长度同样受自身及外界信息、能量、物质的演变而各个不一。隐性的化学变化与外显的物理变化时刻都在发生着,物质看似有形实则无形。春生万物,热夏盛之,金秋熟之,寒冬凋之。

《黄帝内经》载:合人形于阴阳四时,亦可知人为增加生命长度和质量需要依循阴阳之道,合乎时序养生养心。如春养肝,夏养心,秋养肺,冬养肾等。

人从母婴一体到分化个体承受分离之痛,之后个体不断发展成熟直至衰亡归于自然,在短暂而漫长的一生中所经历的、所遭遇的、所思所感的逃不过因缘果流变之律。

作为独立个体的人,其人格、个性脱离不了世界、国家、社会系统内整体历史、种族基因、政治文化氛围等信息、能量、物质潜在的影响。这种原型的影响已经根植入我们每个社会人的骨子里,一代一代传承下来。

如,历史上很多因宗教信仰引起的战争便缘于此。但不同的种族和文化又反复出现一种人类力求整体统一的趋势,这正是我们慧命中回归一元本体的精神灵魂趋向。

如,人类追求全球一体化的努力,人类害怕孤独、独立存在的空虚感,不断融入人群,求得群体关系认同、价值认可的现实状态,艺术、性爱等都是人类在各种身心灵寄托中寻求自我短暂消失,归于宇宙、自然本体,回归一体的渴望所在。

荣格曾提出人自我的原型根基类似于原子团中心的原子核,原子核的爆发性能量正暗合了禅宗自性光明之真如自体的妙用。

了知了本体自我原型,是我们了解自我的基础,而在家庭小系统里,家庭沿袭基因、成长环境、父母人格等是养成我们人格特质的决定性因素。

心理舒适区域里有爱的需要被满足和自我价值被认同所带来的幸福快乐感觉,并在日后的生活过程中经重复性或者替代性满足得到延伸,从而向外输出比较阳光向上、积极有为的人格组合模式。

心理黑洞区域里则是爱的需要不被满足和自我价值不被认同所带来的挫折感和创伤感,并在日后的生活过程中,虽然通过自我臆想可以达到替代性满足(如阿Q)或经无意识重复放大这些创伤,就容易使得个体经常性陷入一种无力、无助和无奈的精神状态中去,从而降低生活品质,向外输出的人格组合模式也常常是忧郁孤独、回避古板、自恋强迫、偏执攻击等。

一个人的主体人格一旦形成,其中的种种需求所积累、所引发的各种能量往往不是以主体人格模式出现,而是以四种辅助性人格模式相互化合组合的方式向外输出,并且更容易感受和接受外在与此四种人格模式相互对应的同类的信息能量进行对流,而对非同类的信息能量则会自动性、经常性产生阻抗和对抗,从而强化和固化了个体的主体人格,使得个体的人生命运轨迹无法发生大的改变,在恶性循环中不能自拔而不自知。

我们从了解原生家庭入手,找到人格模式发展的模板由来,从而更好地清理心理碎片,学习人格模式心理学,善于运用自我觉察、自我认知、自我发展、自我完善的系统工具,帮助我们解剖、了解身心的运行规律,了解心理痛苦和人格阴影的起源,找到调整认知和行为的心理地图,找出隐藏在情绪背后的情感痛反射点,进而找到自我发展的方向和自我完善的方法,使我们在新生家庭中创造更为尊重个性化、调和包容化的人生模式,最终和谐幸福、大美大成。

在自我系统和人格模式的四大模块中,认知与情感模块为内隐,是阴,情绪与身体模块为外显,是阳。阴阳两股能量时刻相互转化、促进,此消彼长,调整和改变着我们身心灵的状态。身心灵合一还是分离,在于我们能否很好地保持内观、内转、内定。

心性化合的生灭无常

人的自我防御机制启动,自我认同机制启动,马上就会快速化合,产生并输出一种人格模式。自我认同,人格主体会很自信;自我认同度不够,就会产生防御。

体上的种种相要时刻保持觉察、明白清晰。所谓体就是内在心念,外相呈现是心念指导下的行为,用是行为产生以后作用于他人和自己的后果。

因此,我们需要把行为背后的动机找到。动机滋生行为,了解了动机,就了解了动机背后的痛点。痛点在哪里?离不开被抛弃、被忽略、被边缘化这三大创伤,是痛点的源头。三个痛点如果把它归为阴阳,归为二,一个是爱的需求,一个是期待的需求。爱的需求属阳,向外求;期待的需求属阴,是内心生起的愿望。比如,一个人爱的需求得到满足,感觉被外在所爱,他就有了安全感,安全感得到了满足,他就不会有害怕。而另外一个期待的需求呢?每个人内心当中有需要,有欲望,有被需要等,彼此之间爱的需要也是期待的需求,是一不是二,不过是分内外。安全感是爱的需求,爱的需求是一种安全感的满足。生存的安全感如果得到了满足,就会产生幸福感。一旦生存的安全感丧失,如失业了,那么他和外在的联结就会出现问题,就感觉到爱的需求得不到满足了,这个时候很容易就启动内在的那个隐的程序(内在的期待的需求)。期待的需求需要通过自己努力地去表现,让别人知道他的价值,这个时候一旦别人知道他的价值,爱他了,他的安全感又得到了满足,然后他就有幸福感,因为他的价值得到了认可,他的联结得到了保障。这种情况下,他就会拼命抓取、控制,强迫自己做得更好,时时刻刻需要对方满足他的愿望,这个里面就有依恋型人格、强迫型人格参与互动化合。一旦别人不受控,他还会产生偏执型人格,追求自我完善的过程中还会产生追求完美型,等等。自身越没有自信,越没有什么可夸耀的人,越是依赖外在能够让他依靠的集体、团体、团队,他们的自豪感、自信心、自尊心与集体、团队的光环是紧密联系在一起的。这样的人,最不能容忍自己依附的集体、团体受到外在攻击。因为这些人,视集体、团体、团队为他们的命根子,是他们价值感、存在感的源头。他们通常是集体、团体、团队最坚定的拥护者。如果这个集体、团体、团队被消灭,他们就会悲哀地发现,自己不过是一个卑微的小人物,是个被社会抛弃的弃儿。待在自己的自我防御机制里没有出来,还要紧紧抓住和依靠集体的力量。还有一个就是生育的安全感,就是婚姻保障,用爱的形式联结。

一些心理学说把人的人格模式定在某一种人格上面不动,没有灵活运用,就没有灵魂了。人格模式组合要有系统性,在什么情况下,运用什么样的化合通道进行组合,要很清晰。

心即有我,性即无我。性照见万有一切,心无住,性乃空。如,钱塘江的大潮,本体还是水。为什么有那么大的潮?首先与风攀缘,然后彼此之间相互攀缘,相互联结,波与波联结,浪与浪联结,能量聚集,释放耗散,重新化合,周而复始。世间事,莫不如此。

"为什么有的人不能容人呢?"年轻人问。

"因为有的人心太小,小到只能容下自己。"师答。

"为什么有的人常常迷失于自己的心灵呢?"

"因为有的人心太大,欲望太大,无边的欲望让他们迷失了人生的方向。"

"那怎样才能看见一个人的心呢?"

大师用笔在纸上画了几竿摇曳的竹、几朵飘逸的云、一湖荡漾的水。"这画的是什么?"大师问。

"风。"年轻人答。

"风无形,你是怎么看到画上画的是风呢?"

"风虽无形,但物有形,竹、云、水有形,通过这些有形物体的移动,我们便看到了风。"年轻人说。

"心无形,但一个人的言谈、举止有形,同样我们可以通过有形的言谈、举止,看到一个人的心,看到一个人的内心世界。"师答。

心是有我,性是无我,既有我也无我,明心见性,你说没有我,我又是谁?但我又不住在任何东西上面,世间一切我都不去攀缘。这就是明心见性。第一重境界:看山是山,主观层次,我看见有个山,这个时候你看到了山,而不是和真实的山融为一体。第二重境界:看山不是山,就有评判了,这个山不漂亮,高了低了,赋予了意想;有的人老是在第二重境界,拿着自己的观念去评判他人,拿着自己的财富去区别他人,这是自以为是的境界。第三重境界:看山还是山,你看见了,也没看见,似有似无。因为山也是你,你也是山,你在他人眼中是风景,他人在你眼中是风景。

化合规律

一呼一吸，一人一口，人为合，一口气里有阴阳，有五行五气，金、木、水、火、土。

天地大宇宙，人体小宇宙。我们人在地球上只是宇宙的一个细胞。我们和宇宙间的联动和细胞与细胞的联动一样，有组织、有结构、有系统。所有的五行之气的能量都在系统之内，而不在系统之外。细胞在人体系统内活动，也在宇宙系统内活动，小系统和大系统对接，生命不息，循环不止。

我们每个人从儿时的原生家庭里的观察模仿、习得创新，到新生家庭的模板重复，再到外化表现出个体的人格组合模式，最终会形成心理舒适区域（阳）和心理黑洞区域（阴）这两大区域所组成的完整的人格系统。

人的心理运作规律与经络运行规律有相似之处，看似无形，却都有循环通道，只不过经络通道介质为气，心理通道介质为信息（或能量），心理痛点即通道中的障碍物，类似于穴位痛点，每个人的人格模式实际是一个阴阳五行系统，十六种人格可相对合并为五种，按五行相生相克规律运行，可直接调主体人格（即心），也可五种人格同时调（即五脏，五种人格每个回归通道，都可独成阴阳，也可依五行推动，辩证调整。或者超越原始的以生存和安全感为核心形成的人格模式，心常住在道心上、在法上，用五种人格按五行相生相克原理与外界自然连接）。

怎样找到人格模式里面的"体"？我们要了解到,人的嫉妒心是万恶之源。嫉妒心背后的体念是:贪爱。贪、嗔、痴、慢、疑里,五毒之首的"贪"启动了五毒的联动程序,贪不到就嗔恨,嗔恨就开始怠慢,怠慢建立在不信任上,就找出种种理由去怀疑他人,自己就在这样一个程序里转。

有些哀伤所形成的伤口看起来是没有医生可以治疗的,但有了伤口一定要尝试着去治疗,要相信一定会找到治疗的方法。上天让我们有机会活下来,一定有它的原因。相信一切,不再惩罚自己,阳光无处不在,只要我们用心去感受！

怎么样疗愈自己呢？运用人格模式,重组人格化合输出通道是非常好的方法。

人格模式的化合通道

人格模式通道化合图里的外围是春夏秋冬、东南西北、五脏、五行,实际上讲的是一个轮回与周期的对应规律。一个人的人格系统是阴阳和合体。里面的主体人格与辅助人格之间的变化是有周期的。主体人格的阴阳在一个周期内随着辅助人格的增强、减弱,会调换位置,在周期内又受五行的影响,在相对的时间内,需要相应的五行来补充。这是外圈。

再来看中间的两个圆圈:十六种人格在人格通道里是相互化合的。我们从春天的这个人格看起,四个管道,每一个管道都是眼耳鼻舌身意接收的信息,从一个通道进来,然后快速地与其中的另一个通道进行化合。

中间为土,土生万物。最核心的圈里面是主体人格,越是核心,越是显得重要。主体人格一个是隐藏的,一个是显露的,它们是相互对应的关系。隐在里面,不容易被发现;显在外面,别人就发现得了。外显的性格,是做出来,给自己和别人看的,既给自己看,也给别人看,隐藏的恰恰是自己爱、需要、价值等不被满足的那个部分。

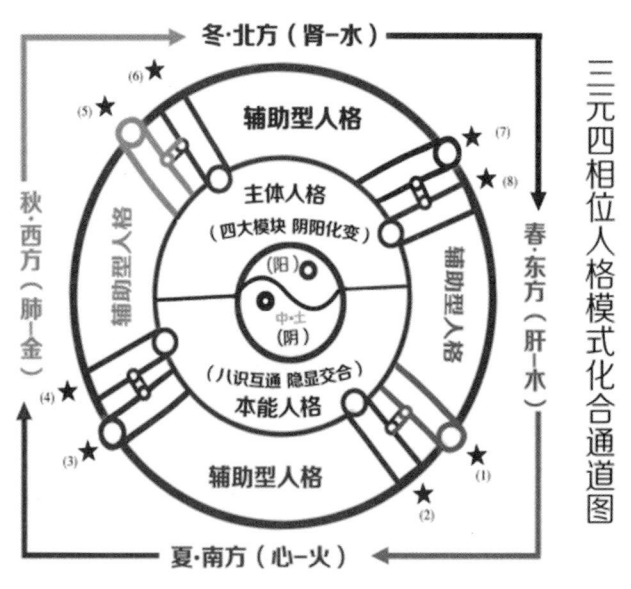

注：
★（1）相对应信息入口　★（2）相反信息出口　★（3）-（8）同理

本能人格，八识互通，隐显交合。本能人格是十六种人格都有，是十六种人格的化合，随时在八识田里待命。八识指唯识里讲的眼、耳、鼻、舌、身、意、未那识、阿赖耶识。显露在外的和隐藏在内的相互之间是在交流中化合和交换中化合。这十六种人格都有可能成为主体人格的阴和阳，这十六种本能人格中随时有两种人格浮现出来，成为主体人格的阴和阳。

每个人身上都有十六种人格随时准备参与组合，只不过我们没有每个都运用到，甚至没有发现到，也没有挖掘到。攻击性的人格有没有？人人都有。癔症型人格有没有？人人都有。只是在运用的过程当中，有些人格我们自己忽略掉了，有些人还不知道自己的各人格之间是怎么组合运作的。

在我们的现实生活当中，没有一个让你白遇见的人，每个人总能教会你一些东西，或者说给你上一堂启发课，也有可能给你上堂反面课。因此说，人与人之间无缘不聚，无债不来，都有因缘果。

主体人格里有四大模块，阴阳化变。主体人格在认知、情感、情绪和身体四大模块里面，一显一隐阴阳化变着。阳就是主体人格里面的阳的部分，阴就是主体人格里面的阴的部分,也就是主体人格是由两种人格化合而成的,然后在这样一个太极图的运转当中,你中有我,我中有你。比如,如果回避型是阴,强迫型为阳的话,那最后彼此化合成了强迫回避型。有时候回避型占了大部分,如阴占了三分之二,阳占了三分之一;有时候,强迫型占了三分之二,回避型只占了三分之一。这就是根据内外力的加减此消彼长,彼此之间相互在交合当中,在相互化合中运转。根据向心力与离心力不均衡的情况和程度产生不同的人格模式,由于向心力、离心力一阴一阳的不断变化,体内的大化学也在不断变化,显现在个体人格上就出现了主体人格和辅助人格的相互转化,向心力和离心力的点点变化都会出现主体人格和辅助人格的相互转化。这是核心精髓。

生本能、死本能、性本能实际上是一个本能,它只是以三种表现形式出现,实质上是一种原型。一个本能里面阳中摄阴,阴中含阳,阳与阴的不同化合中出现人生活的各种变化。比方说恐惧原型不能转化就是阴盛,人格发展多为负面的;如果恐惧原型得到转化就是阳盛,人格发展多为正面。阴阳和合是性本能,人格发展多为中道。

向心力和离心力的变化对人的物理场、心理场、生理场是如何产生影响的呢?阴阳周期。一阳一阴之谓道。阴时不养阴,耗阳;阳时不养阳,耗阴。很多人晚上不睡觉,实质上耗的是阳气;白天不养阳,耗阴。不与天地同步,不与规律同步,身体自然会有不自然、不健康的反应。向心力和离心力的变化很重要,因为有周期的化合反应。离心力是假想的惯性力,许多人以假体为真,发展出许多的负面人格。向心力是自然真实存在的力,这个就是按照本心对应自然的天道,许多人扭曲向心力,以离心力为主,长期地扭曲下去,向心力自然会发生作用,两股力量会发生激烈的变化,有些人能够醒悟就会纠正,有些人依然故我,最后因强大的内在冲突而形成身心的人格障碍,出现病史,不平衡就会有很多变化,而且都是负面的变化。所谓离心离德,德是自然之道,所谓道在德中,德化人心,厚德才能载物,保持向心力和离心力的平衡,阴与阳的平衡,才能使得人格模式健康运行。

显露在外的人格和隐藏在内的人格,相互之间是在交流与交换中化合,这十六种本能人格中随时有两种人格浮现出来作为主体人格的阴和阳,同时指导并参与主体人格四大模块里其他人格间的组合化变。十六种人格依据个人的内外在心念力量改变,轮流坐庄。当然了,有的人不愿意去改变自己,长期把一种主体人格习惯性重复到底。

如,古板型人格的人容易把一个事情坚持10年、20年、30年,甚至坚持到底,绝不改变。其实,没有什么人格模式是不能改变的,除非他自己不愿意改变。如何改变?首先要在人格模式里的主体人格里先找到阴性人格。

道家讲天地之气乃阴阳相和,一团和气才能使万物生长,生生不息。阴在前,阳在后。人类社会最早经历的就是母系社会。阴性人格是孕育的母体,但也不能忽略一点,孤阳不生,孤阴不长,负阴抱阳,阴阳和合才是生产力。

阴阳人格,要在认知模块里面的"四化"中找。强化、同化是阳;弱化、异化是阴。如,强化式强化,阳阳;强化式异化,那就是阳阴;异化式强化,阴阳。这样就可以清晰地找见人格阴阳平不平衡,不平衡体现在哪个地方。如,攻击型人格的人,他们如果不向外攻击释放情绪,就会向内攻击,女性体现出妇科方面的疾病,男性体现出心、肝及脑血管方面的疾病,这些都是相对应的。

人格模式组合化合分析

如,A女士已经分析出这样5对人格组合:
强迫型(老阳)—回避型(老阴)　　(阴阳互补)
强迫竞争型(少阳)—回避攻击型(老阴老阳)　　(这对人格组合偏阳,宜做适当调整)

自恋癔症型(老阳少阴)—强迫追求型(老阳老阳)　（阴阳互补）

回避癔症型(阴阴)—古板偏执型(阴阳)　（这对人格组合偏阴,宜做适当调整）

依恋型人格(老阴)—追求完美型(老阳)　（阴阳互补）

回避型人格作为 A 女士的主体人格,属阴,是隐于内的,A 女士呈现在外的主体的阳性人格是强迫型人格。

A 女士为什么回避？回避什么？自己想要成为的某种角色没有得到认可,才要回避。某种角色与关系不对应,造成需要和价值不对称,所以就会回避。

1. 外显的强迫型人格的两个化合通道:

强迫型人格是强迫自己塑造一个大众喜欢的人格,通过得到社会认同而得到一种价值感。因此回避型人格里的需要与价值没有得到满足的部分,A 女士就在强迫型里得到了满足,自我感觉良好,呈现自恋癔症型。满足的时间长了,A 女士觉得这是大众都能够接受的、喜欢的,所以就强迫自己做得更好,在社会认同和自我认同这两个通道里强迫性地找相对应的信息,让自己做得更好,这样就有了追求型人格、追求完美型人格。追求完美型是让自己的需要与价值得到更大的满足,安全与联结更好。在追求完美的过程中,有可能她发现有人比她做得更好,她就会启动强迫竞争型,她一定要做得比他人还要好。这个追求型和强迫竞争型的人格通道信息就是从这里来的。强迫型人格的两个化合通道:强迫型—自恋癔症型—追求型—强迫竞争型;强迫型—自恋癔症型—追求完美型—强迫竞争型。强迫型人格跟追求完美型、追求型甚至和强迫竞争型进行化合,这就是一进一出了,最后向外输出的就是强迫型人格不见了,变成了强迫竞争型、追求完美型。主体性人格是通过辅助性的人格来表现的,辅助性人格又反证这个人是有强迫型人格的。从主体性可以看到辅助性,从辅助性也可以看到主体性。这是强迫型人格的两个化合通道。

2. 内隐的回避型人格的化合通道：

当自恋癔症转为回避癔症的时候,就会启动古板型人格。而古板型人格容易和偏执型人格组合,形成古板偏执型人格。

具有回避强迫型人格的 A 女士不断强迫自己做得更好,但是她知道,自己内在的真正的需要并没有得到满足,她塑造的是别人想要的样子,而不是自己真正想要的样子,她的潜意识知道这些是表相、假相。于是回避的能量转向去想、会假设,这就进入了癔症型人格中,在癔症型人格里释放回避型人格的能量。但是癔症仍然有部分阴性能量,还是属于不能显现在外的层面,A 女士就要去找一个依恋的主体,于是进入了依恋型人格。

在依恋型人格主体没有得到满足的时候,会出现以下多种情况：

其一,因为不到癔症里化合就不会进入强迫型,因而在依恋型人格主体没有得到满足的时候,就启动了她的阳性人格强迫型人格。强迫型人格与阴性的依恋型主体、癔症型主体进行化合,启动了古板型人格。"我觉得这样做也挺好,我这个假自体也不错",就把理想化的超我的东西变成就是我了,就完全忽略了这个回避型的东西。她偏执地认为自己不需要这个依恋的主体。但她内心的依恋主体、癔症理想没有得到满足,所以就启动了古板和偏执的化合,形成了古板偏执型人格。而古板偏执型人格的启动,就释放出了强迫型的能量。古板偏执型人格一旦和强迫型人格化合之后,他的通道可以是追求型人格,也可以是追求完美型人格,把自己塑造得更好,而且不允许别人超过他,所以他更追求完美,这是回避癔症型里的一个通道。[回避型—癔症型—依恋型(未得到满足)—古板偏执型—追求型或追求完美型]

其次,在古板偏执型里,A 女士偶尔会走的能量化合通道有：和孤独型、忧郁型化合,然后强迫型人格就慢慢地淡化、弱化,弱化为强迫性偏执,或者强迫又和癔症去化合形成强迫妄想型。[回避型—癔症型—依恋型(未得到满足)—古板偏执型—孤独型—忧郁型—强迫性偏执型或强迫妄想型]

还有一个通道有可能出现,一旦依恋型人格没有找到主体,瘾症也没有得到满足,在古板偏执型里,可能出现分裂型,因为瘾症而导致分裂。[回避型—瘾症型(瘾症未得到满足)—依恋型(依恋不成)—古板偏执型—分裂型]

还可能出现反社会型,依恋不成会导致反社会,她感觉活不下去、没有意义,就会反社会,变成攻击型。[回避型—瘾症型—依恋型(未得到满足)—古板偏执型—反社会型—攻击型]

化合通道选择不对的话,人生命运马上就不一样。

当回避型人格找到依恋的主体的时候,回避型人格就不再回避了,依恋型人格就变成了主体人格。强迫型人格是不会变的,他强迫自己强化这种依恋。

为了强化这种依恋,一方面是强迫型人格,这个强迫型人格会跟追求型打交道,但是他会启动强迫竞争型,一旦依恋主体让他有不安全感,就会启动强迫竞争型,因为他要更好。[依恋型人格—强迫型人格—追求型—强迫竞争型—追求完美型]

依恋型人格为主体的时候,有时还会和孤独型、瘾症型化合。孤独型的辅助性能量,又强化了依恋型人格。这个时候,会有些许忧郁型特质,又会和偏执型进行化合,但此时已经没有古板了。依恋的主体能够影响到他,古板的东西没有用。这个时候他就会与顺从或者巧妙妥协型进行化合,会启动顺从型人格或者巧妙妥协型人格。顺从型人格和巧妙妥协型人格的落点还是会落到追求型人格、追求完美型人格和强迫竞争型人格上。强迫竞争型人格又会和瘾症型人格化合,疑神疑鬼、患得患失,所以又和偏执型整合。如果偏执型得到太多的强化,就会和分裂型进行整合。[依恋型人格—孤独型—瘾症型—忧郁型—偏执型—顺从或巧妙妥协型—追求型或追求完美型—强迫竞争型—偏执型—分裂型—反社会型—攻击型]

在人格模式化合通道中,A女士的落点一般是追求完美型。A女士需要随时觉察的是:要避免在强迫型阳能量与古板偏执这个通道化合时,不要再往攻击这个阳通道走。A女士人格模式里阳的方面呈现不出来,可以将古板型建设成追求完美型,或者将古板型和强迫型合起来也会好,或用别的人格来稀释,回避型人格是阴性,加入其他人格来互补,能量就改变稀释了,就没那么多纠结了,强迫型加巧妙妥协型,古板型和追求完美型互补,彼此互补而不是互害,这个就是变通了。

因此,通过疏理,不难看出,在A女士的内在是动不动就采取回避策略的。在A女士感觉到不被爱、不被需要、不被认同、价值不被体现、不被关注时,内在首先会采取的策略就是回避。回避型人格作为A女士的主体人格,阴隐于内,往往只有当事人自己知道。"有诸内必形于外",A女士呈现在外的主体的阳性人格对应为强迫型人格。

A女士在内心回避什么,她就会强迫自己去做什么,而使自己的回避得到平衡、得到满足,得到内在的能量的平衡,这至少让她感觉到舒服。外在的强迫型一旦让她感觉到有困难或受阻的时候,她就会启动升级为强迫竞争型人格模式。阳的部分一旦变化了,阴的部分也会跟着变化。阳的部分变为强迫竞争型,回避的里面就带有攻击了,成为回避攻击型。攻击最后在强迫竞争型上又体现在外面。回避攻击型的能量和意念,别人是看不见的。在主体人格里面自动进行组合。组合之后体现在外面就是强迫竞争加攻击。攻击是内在的攻击和外在的攻击结合在一起的。如果有让她感觉更为不安、更为恐惧的事情发生之后,她就会启动强迫竞争加攻击型人格。在攻击里面,阴的思维是古板偏执,阳的思维是强迫攻击。

回避以后的能量需求肯定需要其他通道,A女士就会在癔症里面待一待,自恋里面待一待,形成自恋型癔症。感觉自己很好,不管他人怎么看,都自我感觉良好。当需要强化这种自恋癔症时,她就会启动强迫追求型人格。强迫追求型是阳,自恋癔症型是阳,这是一个组合通道。

当自恋癔症转为回避癔症的时候,她就会启动古板。古板和偏执组合的时候,就形成了古板偏执。她在回避的东西,她强迫自己去做了后,对自己很满意,久而久之,她就形成了古板型人格。而古板型人格容易和偏执型人格组合,形成古板偏执型人格。

所幸,A女士知道了这是一个假自体,从而将建设假自体的能量收回,用在真自体的建设上,从而开始学习使用新的更具适应性的能量通道。

另外,爱的不被满足和对被控制的恐惧这两大痛点会让A女士向外抓取,寻找依恋的对象,要么是人,要么是物或者某种精神。一旦依恋型人格里爱的需要得到满足、强化,价值被体现了,她就会用强迫性的方式让自己做到最好,让自己做得更棒,来强化这种依恋。如果得不到,她就会到偏执型里去塑造一个假自体,偏执型回避。如果这个依恋的主体让A女士得到了心理的满足,明确了依恋的方向,A女士就会循着依恋、顺从型人格通道,转而向追求完美的强迫型人格上发展提升。

因此说,"我"只要不执,就是无我。外缘不足,内缘不利,或外缘不利,内缘不足,都不能产生化合。随缘即无我,没有评判,破我执,还原本来,双向合理化,主体人格随时和影子人格合一,自然无住、无我、无心。

有相无住

宋朝有一个重显禅师,开悟前去参访智门禅师,他向智门禅师问:"不起一念有什么过错呢?祖师们说了,'莫道无心便是道,无心又隔一重观'。"

无念无心,一念都还是有过错。智门禅师没有回答问题,就叫他:"过来。"重显禅师刚刚走近,智门禅师突然用拂尘打他的嘴巴。重显禅师非常惊讶,准备开口讲话,突然智门禅师又是一个拂尘打过来,防不胜防,动作疾风瞬雷闪电般的。

智门禅师为什么这么做呢?

原来,是要截断重显禅师的妄想执着的相续心啊!是要让他在躲、再躲的过程中,没有念头的升起、延续和妄想。来不及啊!"当下截流",让你想无可想,无处可想,无什么可想。

在妄心、念心不起、不相续的情况下,如果这个心停下来了,你就转身开悟了。

思考启示

如何悟呢?先是人要对应了,那么理上怎么对应呢?心上怎么对应呢?心法都在理上,理又在哪个上面?道理道理,理都在道上。

无我而听才能真声。什么叫无我而听?你去观察、去感受。什么叫观察？

如,观察天气,这个天气是你想要的天气吗？不是,天气就是天气。天气预报能改变天气吗？不能。天气能改变天气预报吗？能。那我们是让天气做天气预报呢,还是让天气预报做天气呢？很多人心就住在天气预报上,而不去观察天气。天气预报是后天的,它是根据天气来的。根据哪个天气？它捕捉到的那个天气。后来云层的变化、气流的变化,它观察到没？有没有及时调整？没有。预报预报,我们往往就受这个预报的障碍。它不是说天气晴吗？怎么还下雨？就烦恼了。观察到天气本来的样子,感受它本来的样子背后的能量流。哦,感觉天气有点冷,那怎么对应呢？冷了就加衣服,热了就减衣服。跟天气对应以后,能量彼此契入之后的反应是什么呢？也无风雨也无晴！这是真实的、自然不过的事情,是符合道的。

菜就是菜,但是就在这个菜的问题上生起了酸、甜、苦、辣、咸,这是不是都不是对"一"说？如果我们修心不能一心,有妄想在里面,都不能归一！所以讲不能一心二用。吃饭就吃饭,走路就走路,讲话就讲话,没有二、三、四、五这么多杂念在里面。所以佛法实际上最终结果就在四个字,哪四个字？"明心见性"。

这个明心,实在要拿个东西作比方,就像一个镜子,它能照见万物,这个心就像镜子一样,它能照见世间的万物,但是这个世间的万事万物被你照见的时候,会不会因为被你镜子照见而改变什么？不会！既然不会因为你的照见而改变,我们在照见它的同时,我们把心住在这个照见的物上面干什么呢？再生二,美丽;再生三,我要占有;再生四,我要拥有;再生五,我要控制;再生六,我要他时刻在我身边;再生七,我要跟他生个娃;再生八,我要怎么样怎么样……反反复复,无穷无尽,迷失而不知,要何时才能醒悟？更不用谈体察觉悟了。

一、心在道上,自然相应

物以类聚,人以群分。心在道上,自然相应。

佛法不离世间觉。我们都是先有出离世间的无常,有这个出离世间无常苦空的想法和行持。先出世,等我们修行与道相应了,才借着境界来磨炼自己入世。所以我原来说过一句话,用出世的心来行入世的事。没有出世的出离心这个基础,想入世就会被烦恼众生所转啊。也就是说,你帮不了别人什么,你还会被烦恼众生所转所化,随波逐流了。那么先要出世才能入世。在生活中既要入世又要出世,所以要做到心境如一,最后达到不出不入,娑婆世间,就是极乐世界!哪里还有一个出,哪里还有一个入呢?

所以这个契入转身很关键。契入什么?契入佛心。转身,转什么?转境界啊!

我们也可以讲向上向善转。向上转,是什么呢?转迷开悟,转凡成圣啊!如同一根线绳一样,可以串很多东西拎在手中;也可以像一只篮子一样,把很多东西装在篮中。转烦恼成菩提,转生死为解脱,这是向上转。

如果向下转呢?那就是跟着境界跑了,跟着众生的共业去了,因为你与众生的境况相连,你的意念跟众生的意念相连,你的身形跟众生的身形相连。你跟着众生的共业走,那么在生死的苦海里就出没了。

那有人说,如果向上,那不还有一个往下的对境吗?如何破呢?既然讲到有一个向上向善,那一定有一个向下向恶了,对不对?对这样的二元说法,我也翻看了一下祖师的说法,他们讲就是"有条无条,无条攀例"。《楞严经》里讲,众生都是以攀缘心为自性。这个攀缘心就是二元相对之法。就我们刚才问的向上和向下对境,如何破?《楞严经》里面其实讲到了,攀缘是相对之法,离不开内外相对,离不开境界相对,我们的起心动念都是有内外、有境界的相。

比方说,吃饭你要拿个碗筷,吃什么不吃什么,就在你的头脑的境界当中不断地、不停地取舍。连吃个饭都是这样,那在生活中呢?起心动念都是在造境当中攀缘,对不对?还把这颗做事、讲话、思维的心当成是真心了。有了这颗无始劫的对生活真实的执着,就没有超越向上向下。你知道的、熟悉的会让我们习惯性地去攀缘无经验、没体验的东西,我们就在心里面计较、分别!

所以,只有破除向上向善,一开始当然还需要向上向善,到最后就是破除超越向上,也破除超越向下这个问题,我们才能转身,是为解脱,能不能做到啊!

还有就是,我们怎么样离开这个执着妄想呢?也就是说,做到即相离相,也就是当下生起的相当下就离开这个相。我们要知道一点,佛祖的无上心法血脉是无传之传。佛法说给众生听,也是无说之说,离开外在的生灭现象,契入佛祖不生不灭的无上心法。要契入啊!

一切在生活中对境的执着,所起的心念,也就是说你所有的执着就是因为你有了对境的对象,不管是你自己生起的,还是有外界的诱因,还是你自己生起的心因。所起的心念都是后天学习来的生活经验,一文不值,所知所见,都需要破碎空掉,就像虚云老和尚的虚空粉碎一般。世间一切都是在因果范围内,圣人超越因果,但是不昧因果。所以我们讲一句话,叫"道不虚行,功不浪施"。

我们还需要"进入三界中,也要跳出三界外,既在五行中,又不在五行中"。哪三界?欲界的五欲生活。哪五欲?财、色、名、食、睡;色界呢?无量光、无量色;空界呢?甚深禅定。我们是如何对应的呢?我们用的是不是眼耳鼻舌身意,用的是不是见闻、觉知、感受?这外在的世界,我们用眼、耳、鼻、舌、身、意,用见闻、觉知,去观察、去感受!你的眼睛想看就看,耳朵想听就听,六根对着外面的六尘产生无限的遐想。哪六尘呢?色、声、香、味、触、法。还有见闻、觉知,也没有人来障碍你。我们看来看去,听来听去,有什么障碍我们的六根呢？有人在障碍我们的六根吗？哪有什么声音和色相让你去看，让你去听，让你去分别它与佛菩萨的不同之处呢？

所以很多时候，我们把佛既与外在的世界割裂了，又与自性的内在分开了。什么是三界外？怎么才能离开这个三界，到三界外面去呢？实际上"横身为物，举体皆真"啊！世间万有，都是佛身的妙用。物物觏体不可得！为什么不可得？"直下没有事"，当下都是佛啊！举体就是全体，就是真如！

当我们超越了世间的假象，从梦中醒过来之后，当下这个见闻、觉知就变成了三身世智，性得妙用才会现前。《金刚经》里说过一句话，初果罗汉，不入色、声、香、味、触、法。入而不入，味而不味，一体即还原，六根就解脱啊！一切味都是佛光甘露！永嘉大师说："直截根源佛所印，摘叶寻枝我不能！"直截根源就是当下就能相应；摘叶寻枝呢，就落在色、声、香、味、触、法上面，在吃饭的酸甜苦辣上面联想计较。所以要随闻入观，离性空寂！

很多时候我们不知道，你的问题就是你的毛病。很多时候，问的本身就是答案。问答问答，答在问中，问中有答。吃饭的时候，你被五味所转，佛光漏逗而不知！何为漏呢？何为逗呢？我们讲，用妄想分别把佛人格化、生命化，认为佛与我们一样，有眼睛、耳朵等六根，有喜乐哀怨等六欲。其实呢，这是一个和合相，也是我们把他和合而成的一个相。那佛是什么？佛乃心性啊！心为佛为道，性为空为灵。

有人问洞山老和尚，什么是佛啊？洞山说"麻三斤"，这是最高妙美上的禅机心法。他讲"麻三斤"，手做拳头，拳头也可以做手，其实难见，很难分开，所以当下转身，就是活路！

依法修行不能在语言文字里，依着我们的心意识，顺着我们的妄想去测度分别，这样子就是向问头边作言语，有问有答，把这个问答分为两端，问的有意识，答的也有意识。只要有意识都不是佛法，起心动念与佛法不相应啊，对不对？

那么，在我们还没有"问在答中，答在问中"，开悟之前，要不要问答呢？

还是要的！但是我们不要去做超谈禅客。什么叫超谈禅客呢？超谈就是留心心法，没有离开心意识。禅客就是总是问，问题偏多，在一问一答这个意识上面纠缠不清，见解这般那般，计较分别，坠入所知障而不自知。而真心本性没有距离啊！眼前的一切都是生命，自己和他人自他不二啊！佛心佛境，自心和佛境一如，见闻、觉知与色、声、香、味也同样是不可分离，是一不是二！

就像一个人在山川河海面前兴叹失落，如果不转身，就会被当下境界所转，是不是？当我们转身了，那些山川河海能转得了我们吗？不转身，我们就被它所转。外境也是内境啊，有时候，内境里也有外境，愁煞人！许多人不懂得转身，天天四处拜佛问禅，天天探讨佛菩萨是什么样子，我们见到佛了吗？

佛是什么？佛是赵洲茶、云门饼，是德山棒，山水是佛，草叶是佛，化变无穷，却无处无时不在，随缘而行。《金刚经》里面说了一句话叫，若以色见我，以音声求我，是人行邪道，不能见如来。如果落在茶饼子、落在棒子、落在草叶上，那就是土上加泥，清水染色了。

不能够土上加泥，清水染色，当下怎么转身？需要我们回光返照，一念契入。怎么一念契入啊？南山起云、北山下雨啊！所谓南山起云呢，点滴不湿。我们如果在南山的时候，感受到了有点滴的雨吗？点滴不湿这就是体啊。北山下雨呢？就是有去，体来相去，这就是相。雨下下来的时候，刀砍不入，没有缝隙，不来不去，不增不减，真正的一合相不可得啊。它的妙用在于没有缝隙，不来不去，事出常情，意在言外，即相即离。你如果光是看到了北山下雨，看不到南山起云，那我们就是只知相而不知体，又不知其妙用，如何证得空性呢？

古人讲三千里外没交涉，七花八裂。比方说，我们是白天，美国是晚上，我们有没有交涉、有没有交集啊？七花八裂，七上八下。当我们看一朵花的时候，你是什么时候看的？是在哪个地方看的？看花的时空点落在哪个点上？如果你心在内，则看不到花。如果你心在外，从内则应完全感受不到。如果你心在花上，人在哪里？如果心在眼中，花又在哪里？我们知道花在科学家眼里是一种光波，外面的光波和我们眼里的光波产生共振，这是物理现象，那么是我们的肉眼还是我们的心识，在分别分析的呢？还是在生灭法里有交涉呢？

《金刚经》里说到，一合相不可得。没有一个真实的相让我们抓取。我们看这个相的当下，相已经变了。花不是自己孤立的存在，我们看这个花的时候，是不是有很多的机缘啊？有我在看，有光，有空间，有花，花本身是怎么长出来的？它是与什么场联结，与什么能量通道化合呢？如果把它的一片叶子放大会怎么样呢？

阳明先生说过，"君未看花时，花与君同寂。君来看花日，花色一时明"。所以，见到这个花，首先要见，那这个"见"是我们意念传导到眼睛产生光波，形成共振还原，要不怎么见花呢？盲人不用眼看，却能够通过花香感知到花的存在，可见六根是一不是二。就像蜜蜂采花，它能够凭借花朵上的紫外光线顺利还原花的图谱，很多动物借助它自己的尿液气味所产生的紫外光能找到自己的洞穴，划定自己的领域。当然它们的天敌对手也可以凭着这个紫外光，找到它们的洞穴，擒拿他们。所以很多时候搞不明白，为什么它们隐藏得那么好，还是让天敌发现了呢？

眼睛的光波是怎么样感受外面花的光波的呢？实际上我们大家都知道，光里有七色光谱。彩虹是几色？七色！我们人类的意识光谱与自然的七色光谱是相互对应的，时时对应的。所以外面不管怎样的变化，我们人类都能在观察感受中把它进行对应还原。

我们都知道，乐谱也是七个音符，细胞的分裂也是七秒。声光电，眼睛的光波，是一种"知"，因为不是知怎么能见到花呢？因为它通意念。意念知，心知。人说心知肚明。那么知呢？知见知见，你不知不见，那知本身又是什么样的景象呢？这个知本身是什么呢？我在知外面的花，这个知是不是我在知,那么我知外面的花,这个"知"和"我"是一还是二呢?如果是一,我是怎么知的?里面知的是里面,外面知的是外面,中间知的是中间,都不是知,那知就不存在。我本身也是,里面不是真我,外面不是真我,中间的也不是真我,我是不是也不存在?在当下,我存在,知不存在,外面的花也不存在,花里面不是花,花外面不是花,花中间也不是花,花不存在?所以我们在识别"花、我、识"这三个都不存在的东西,一合相不可得。

那么这个观法是怎么观的呢?这是简单初级的,叫析空观,以分析的方法观察世界不真实。所以很多人往往落在这个析空观里出不来。析空观的实质是色不异空,空不异色,色即是空,空即是色,受想行识,亦复如是。我们要进析空观,但不能停留在析空观上面,还要进入体空观。在生活中来体验现实世界的不真实,身体力行。因为我们的身体也是在秒秒化合,秒秒分离。

接下来,我们还要深入无量观。

生活中的每一件事都是这样的空性、无量的现象,都是空空组合,空空寂灭,空空如也。

所以没有能观所想,没有能观所观就进入无作观。

什么叫无作观呢?没有造作,来去无碍,圆融无碍。

从析空观,到体空观,到无量观,到无作观,都从"藏通别圆"四教而来,依教而行,就是观无明,了烦恼,感应道交!

人世当中我们看得到有,以假为真,甚至还在无中生有。这都是在现象里面去执着,都是情见。

话里都有深意,但很多人没有留意,有留意的就会受益。每一句话都要绝剿,当下给情见灭掉,剿杀灭绝我们的情执情量情见,剿杀灭绝我们的生死,剿杀灭绝我们对万法的执着、法尘。这个法尘里面最容易形成所知障、烦恼障。这个无明就是所知障,能障真如根本智啊!这个染心就是烦恼障,水上加色,就是染心,能障世间业自在智。

无所明了,如何破无明啊?破了无明就能入正位啊,就能剿灭法尘,就能不成一法,不住一法,不执一法。六祖说了,若真修道人,不见世间过啊。这个"不见"就是转句,转句就是方便。但是我们要清楚,方便不是究竟,方便只是转身契入。

如果我们看到眼前的一切色身,而不见色身,空无一色,这个才是半体。入色即盲,入声即聋。才提起来一半,也就是说,还有向善的一体,也就是妙高峰。不见一人,不成一法。无人相无我相,就能够破烦恼障。无一法就无有所知障啊,就破法执。就像婴儿,婴儿般的纯粹,到这个地方才能做到不计较道理。

那如何入得正位呢?绝意识,绝情量,绝生死,绝法尘,心境一如就好,自心佛见一如就好,就是大妙。祖师大德早就说了,眼睛、耳朵每天都有佛光出入,心与佛境是一,好马见鞭影,一瞬就契入,打破了好恶是非相对,走入了绝对的清静心体,绝对的一真法界,叫什么?就进入了绝对的圆满,圆满就无漏无缺啊,到这里无就消失了,所以做方便时说有说无,说有机说无机都对。

就像圆悟禅师讲的一样,开悟了的人,用他的智慧把世间的一切相对相绝对化。把真和假绝对化,没有真假。善恶中间绝对化,叫什么?没有善恶。把是非空有绝对了,没有是非空有。对世间这一点点相对的都不执着,没有常识抓取,这个"我"就已经解体了,四大解体,五阴解体,没有一个我相,没有一个人相,没有一个众生相,还需要去知道什么苦里面有乐吗?而众生呢?生灭法里有有无,苦乐两端去执着,却并不知道苦乐是如何来的,所以难以剿绝情识,就难以做到即相即离,当下顿断。所以我在《人格模式心理学》的序言里面曾经讲到了,"当你把一个问题极端化,你就能看到其中的问题"。

文字与文字间的间隙,往往是真相所在,需要我们用心去印证,感应道交,是一不是二。如果你印证到了,那你就能够当下契入。如果你印证不到,只要不去头上安头,水中加色,很多时候我们还是能够会心契入,就能够做到句下转身,就能够进入无上的智慧,当下顿断,自然也就可以做到"观而不观,不观而观",观无明,了烦恼。

二、内观自在　外显圆融

慈悲喜舍是四无量心。慈是心,是天地间循环生息、全然一体的来源和本质,是宇宙秩序运转的动力,也是灵性的来源。

生活中,没有了无明和恐惧,我们就能容纳更多,与他人和世界融通融合。我们越是不带任何评判地去爱自己、接纳自己,我们给出的爱越多,接通宇宙大心的爱会更多地涌出,我们就会得到更多!力量会更强大!舍去有形,得到无形,佛陀就是典型!这样的正循环也是世界上人们能够互利的根本原因。

反之,当人们充满忧怖,不愿正视、修正自己的缺失,带着自设的条件去爱他人,很快就会因为对方色衰而爱驰;当他们排斥他人的时候,他们往往是在排斥自己;当他们评判他人,他们就会发现自己有罪,从而就会启动怨愤去责怪他人,就想去惩罚他人,从而使得恶果循环自受,使得自私自利的自己进入负循环!

佛者,心也。众生也。心如虚空,不等于虚空,实则是真空不空。

一个人如果心空了,眼见似盲,耳听似聋,认为到圣人境界,无为,无住,无我,无事,容易落空了,落到空里面会怎么样呢?空空落落不是真佛性,在真空里面要显现妙有。真空就是我们这颗心要在生活中显它的用。在生活的这个用上面不可得,生活就是妙有,我们的心境不可得就是真空。刻意求得不可得,自然相应有还无。

你在空里面,空不究竟,因为没有妙用;你在有里面,有不究竟,因为没见空性。当下转身,当下开悟,要不然,我们在动中不能透,在静中不能透,在空中不能透,人生看起来是睁眼闭眼之间,开眼是生活所依止的来源,开眼光明,闭眼无明,开眼睡觉,睁眼说瞎话,你不造天堂业不会升天,你不造地狱业不会下地狱,你现在造什么业,将来就要到这个地方去,吃亏享福的都是你自己。不落于常习,不落于中空和两边,须时时处处透过生活的点点滴滴觉应无常之流、迁变之境。破疑悟空而不着于空,自心无二,自性无碍。

空有无间,自然解脱。

（图：心念意识／心力潜意识／觉性无意识／报身 化身 法身 慧命 使命 生命／本来无我／本能有我／本我非我）

真正明心就是心本来不染尘埃,不染一物,但是它又能照见万物,什么叫"见性"呢?世间一切都是缘起性空,什么叫"性空"?就是一切都是组合的,在组合的基础上一切又都是变化无常,是化合的。我照见了大海,大海起了波浪,波浪又起了旋涡,这就是性。什么叫性?"空性",为什么是空性?因为它组合成波浪的时候,这个波浪很快就会消失,成为浪花,然后浪花又归于水,水再又归于浪,又因为因缘不同,变成大浪、小浪。今天这栋高楼起,明天那边高楼塌。今天你家这个东西坏了,明天有一个更好的东西来了。看起来同样是一栋房子,里面照样经历成住坏空的过程,而这些成住坏空都在这个心当中照见。但是如果你把心住在照见的这个物上面呢,你的心是不是就瞬间迷失了?是不是跟着这个二跑了?是不是跟着这个三跑了?是不是跟着这个四跑了?

什么是"性"?"人性"是性,万物都有性质。什么是"质"?性质性质,也就是它的质量上体现它的组合的性,组合性。为什么是组合性,因为里面有不同的物质组合,有不同的个性。所谓个性是什么,是特性,各种不同特性组合到一块,就可能发挥一定的作用。我们了解到组合起来的东西,是发挥一个特性,然后在这种成住坏空的变化当中归于无常,我们还在那里生起那么多的无明,还在生99、生100、生101,最后导致在空中楼阁当中忘却了本来!忘却了原来!忘却了这个缘起性空的因缘果!

我们把"体、相、用"对应为"身、心、灵"。有的人把这个修落在身体上,他(她)的心意识是往身上修,练瑜伽,我要我的身体柔软,我要我的身体美妙,我要我的身体漂亮。好了,卖化妆品的来了,美容的来了,美体的来了,有需求就有市场嘛。世间万象是不是都在心上作用?然后就出现了各种各样的万千实相、幻相。想象的还没实现的为幻相,想象的已实现了称之为实相,实相也是幻相,因为它终究会成住坏空。当我们把心意识落在身上的时候,我们就会执着,究其实,对身体的修炼是最不究竟的修炼,离物(身体物质)越远,离神(心灵神识)越近。

我们身体生病,首先源于我们的心灵不清净。我们的心意识脏不脏?心意识如果脏,那我们的灵魂还能干净吗?衣服脏了洗洗干净了,那我们每天的起心动念,都是利己的,不是利他的,都有我相、人相、众生相、寿者相,怎么落到灵上,怎么有这个灵,要不要洗洗?当我们修到灵性层面时,身体自然是曼妙的,自然是漂亮的,自然是好看的。

我们所有的世间万相都在心上作用,身体、心相、灵用,我们用好了我们这个灵吗？

"一"是什么？

当下世间万物所有的身边的、世间的、外在的都让他们做自己，我们不要在他们那个自己上面再生二、生三、生四、生五。有我观察，无心感受。无心就是不在这上面头上安头，心上用心。离开了"一"，就跑到"二、三、四"等上面去了。"一"就是他的本来，"二"就像镜子照见一个东西，它很快就消失了，但是我们不认为它消失了，还在上面生出许多妄想、幻想、幻境，还要去抓取，这就离开了"一"，跑到"二"、跑到"三"、跑到"四"上面去了。离开了一，那些二、三、四是不是都是妄想？本体不见了，就像为树浇水，看不到树，却为影子忙，又有什么意义？当你在生二的时候，已经忘却了自己这个一，你忘却了照见万有，而不是要去抓取万有。世间上所有的人在婚姻当中找二、找三、找四，就是不找一，就是回归不到一元上来。

一切情绪背后的本来是认知，这个认知是我们观察来的认知，还是我们去评判来的认知，还是我们要求来的认知，还是我们塑造来的认知呢？因此，要去还原本来。

什么叫还原？我们去感受就好。

用什么心去感受？用观察的心。

怎么观察？观察他的自然，自然能，再去感受，然后对应。

怎么对应？契入！契入就是信息能量相应。我们在原来的基础上要去检视映射，在本来的基础上要去检视投射，在因缘果的基础上要去检视我们的评判，然后才是全然地接纳，然后才是还原本来。这个本来就是"一"，才是性，是化合的。许多人都长成大人了，还穿着小时候的衣服折腾自己！拿着99要求1。

为道日损，为什么要损？为什么要损之又损呢？不超越时间、空间，不契入无为法，不损去我们的见闻觉知、不损去我们的七情六欲，就是在虚度光阴，以致无为，损之又损，才致无为，所以圣人把大道、自然之道跟我们的赤子之心是相互对应的。

怎么样善护我们的"念"呢？怎么样做到明心见性呢？要眼观似盲,耳闻似聋,看到了,也没看到,听到了,也没听到,如风过耳,不住。念念无住就会无相,无相就无我执我念,才能真的做到念念无我,无我才能做到念念无心,无我又有我,有我又无我。

六祖之所以能得到五祖衣钵传承,因为他当下就了断,当下就截流,当下就空掉,没什么东西能障碍他,通通空掉,言语道断,心行处灭。他明白所有的一切都是在"一"上面生发出来的,回归到"一",回归到这个能照见万物又不被万物所染污的心上来,就了了无心。心直接达灵,"灵"是什么？灵通啊！怎么"通"？圆通！怎么"圆"？圆融！怎么"融"？阴阳融合。阴阳和合。（灵性也是觉性,也是妙用真心,自己认为是灵性、觉性明明了知的,就是妄心,心不能转烦恼为菩提,不能启用,就是错会。）

观之以道。观天之道,执天而行。一阴一阳曰道,阴阳相推曰行。天之道,天心也；天之行,无为也。观天之道在致中,执天之行在致和。观天之道而存其诚,执天之行而自强不息。比如说：天在下雨那是天的事,不要抱怨,不要烦恼,不要想在那里改变。你只有观察到天的自然变化,才会按照天的自然变化去感受,接下来就是对应,然后你的对应就会有自然反应呈现。

理上清才现智慧,识上明才能禅定。时时当下见体,不被妄想所牵,这就是无我的状态。观察和感受不离大物理,对应和反应不离大化学。天地都在他们各自的轨道上自然反应。我们饿了要睡觉,困了要吃饭,这些都是自然反应。如果你饿了不睡,困了不吃,这就违背了、扭曲了自然反应。反过来,从反应到对应、感受、观察,你违背了自然反应,就扭曲对应关系了,然后你感受到的就不是真实的东西了,那你的观察就不是建立在自然、道的基础之上。因上能见果,果上能归因。要远离断常二见,护念、离念,直至无念,在观察、感受、对应、反应中有层次的修心。

如何观察？用心观察,看到事物本来的规律,当下见体,无住真心,析空观,理上清。如何感受？无我感受,感应能量,感受到事物本来背后的能量流,无我静心,体空观,识上明。如何对应？心心相印,如镜子照物,用清净无染的心照见本来,无念无心,净尽契入,无量观,明心。如何反应？自然反应,缘起性空,真如本性,缘熟开悟,无作观,见性。《楞严经》里面说:"随众生心,应所知量,循业发现。"法身如水中现月,有水就有月,有空就有法身,空有相合,随缘相应。